余紀忠講座

賀曾樸：

First Direct Image of a Black Hole

史上首張直接觀測到的黑洞影像

賀曾樸院士　簡介

　　中央研究院院士及中央研究院通信研究員。現任東亞天文臺（East Asian Observatory）臺長、麥克斯威爾電波天文望遠鏡（James Clerk Maxwell Telescope）臺長。

　　曾任中研院天文所籌備處主任及所長，致力推動臺灣天文發展，特別重視研發尖端天文觀測儀器，例如次毫米波陣列（SMA）、李遠哲宇宙背景輻射陣列（AMiBA）、阿塔卡瑪大型毫米及次毫米波陣列（ALMA）、格陵蘭望遠鏡（GLT）、中美掩星計畫（TAO）及海王星外自動掩星普查計畫望遠鏡（TAOS-2）、廣角紅外線相機（WIRCam）、新一代超廣角相機（HSC）、主焦點光譜儀（PFS）、地球空間中之能量與輻射人造衛星（ERG）、宇宙學及天文物理太空紅外線望遠鏡（SPICA）等儀器的研發與興建計畫；並且推動臺灣參與東亞核心天文臺聯盟（EACOA），期冀能提升東亞天文界的競爭力。

學歷

Ph.D., Dept. Physics, Massachusetts Institute of Technology (1977)

S.B., Dept. Physics, Massachusetts Institute of Technology (1972)

經歷

- ELT/METIS Co-Investigator (2019-2021)
- Joint Professor of Physics, National Cheng Kung University (2018-2021)
- Distinguished Visiting Fellow, Korea Astronomy and Space Science Institute (2015-2018)
- Principal Investigator, ERG-Taiwan (2013-2018)
- Principal Investigator, Greenland Telescope (2011-2021)
- Principal Investigator, SUMIRE/PFS-Taiwan (2011-2014)
- Principal Investigator, Subaru HSC-Taiwan (2008-2014)
- Adjunct Professor, Dept. Physics, National Tsing Hua University (2006-2021)
- Principal Investigator, Atacama Large Millimeter/Submillimeter Array-Taiwan (2005-2015)
- Joint Professor, Graduate Institute of Astrophysics, National Taiwan University (2003-2004 & 2006-2015)
- Adjunct Professor, Dept. Astronomy, National Central University (2003-2004 & 2005-2010)
- Joint Professor, Dept. Physics, National Taiwan University (2003-2004)

- Distinguished Research Fellow, ASIAA (2002-2021)
- Principal Investigator, ASIAA/NTU AMiBA (2002-2003, 2005-2014)
- Principal Investigator, ASIAA SMART (2002-2003, 2005-2014)
- Senior Astrophysicist, Smithsonian Astrophysical Observatory (1989-2015)
- Project Scientist, SAO Submillimeter Array (1989-2005)
- Associate Professor, Dept. Astronomy, Harvard University (1986-1990)
- Assistant Professor, Dept. Astronomy, Harvard University (1982-1986)
- Miller Fellow, Dept. Astronomy, Univ. California (Berkeley) (1979-1982)
- Postdoctoral Fellow, Dept. Astronomy, Univ. Massachusetts (Amherst) (1977-1979)

Research Highlights

1. Top 10 Astronomical Results in 1987: Ph.D. thesis of student Eric Keto on Collapsing Core in G10.6-0.4 was picked as one of the top 10 astronomical results in 1987 by the American Astronomical Society.
2. Finalist in Apker Award: Undergraduate thesis of student Luis Ho was among the three top undergraduate physics theses in the U.S. in 1990.
3. M82 as NRAO Research Highlight in 1992: Ph.D. thesis of student

Min Yun on M82 featured as the cover of NRAO yearly research report to NSF.

4. Student Prizes: Goldberg Prizes to Luis Ho (1990), Lisa Norton (1991); Hoopes Prizes to Luis Ho (1989; 1990).

5. Cover of Nature: M81-M82 Interacting System (1994).

6. Highlighted in Nature: Gas Filaments in Orion (1996).

7. Highlighted in Nature: Puff of Ejection of Water Masers in Cepheus A (2001).

8. Submillimeter Array: Dedicated on Mauna Kea (2003)

9. Special Astrophysical Journal Letters Volume: Submillimeter Array (2004)

10. Yuan Tseh Lee Array for Microwave Background Anisotropy: Dedicated on Mauna Loa (2006).

11. Astrophysical Journal: First 7 AMiBA papers (2009)

12. Atacama Large Millimeter/Submillimeter Array: Dedicated on Atacama (2013)

13. East Asian Observatory: Incorporated in Hawaii (2014)

14. Greenland Telescope: First Light in Thule (2017)

15. Event Horizon Telescope: First 6 papers on the Shadow of the M87 Supermassive Black Hole (2019)

16. Event Horizon Telescope: First 6 papers on the Shadow of the SgrA* Supermassive Black Hole (2022)

17. Greenland Telecopes: First publication on the accretion around the M87 Supermassive Black Hole (2023)

綦振瀛副校長致詞

林聖芬副執行長致詞

賀曾樸院士為中大帶來最尖端的天文學講座

講座貴賓合影：左起葉永烜院士、劉兆漢院士、賀曾樸院士、綦振瀛副校長、林聖芬
副執行長

劉兆漢院士受邀擔任本次講座引言人

葉永烜院士擔任講座與談人，與賀曾樸
院士展開天文對話

眾嘉賓與師生共同參與〈史上首張直接觀測到的黑洞影像〉講座盛況

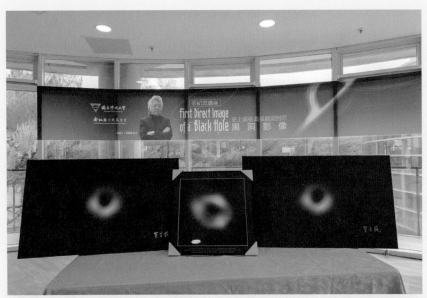

賀曾樸院士將其發現首張黑洞影像簽名與
銀河系中心黑洞照片贈予中央大學

賀曾樸院士為贈予中央大學的首張黑洞影像簽名

一代報人 百年青史

設置緣起

中國報壇報報人余紀忠先生為國立中央大學傑出校友，學生兼終身支持者，以「中國時報記者」身份為臺灣之聲音。同時代報壇的領袖，全心投入新聞事業，並建成官商特種報敦親睦鄰，不僅在開放報禁的時機掌握時代之脈動與創業的勇氣，更以宏觀深遠的眼光領導臺灣報業的潮流，並由此民族與家情懷，兼及文化教育事業。余紀忠先生於2008年5月22日與余紀忠文教基金會成立「余紀忠講座」，每年邀請學者專家發表主題演講，並提升對新研究水平。以彰顯其對國家、社會之關懷，讓先生不捨的永恆之精神，得以傳承。

活動簡介

余紀忠文教基金會自1988年創建，即以促進社會的公平與正義為目標，長期關注人文、經濟以及環境發展等公共議題。2008年起本機合辦「余紀忠講座」，以求成功探索十次講座，受到普遍的肯定，影響相當深遠。

本年(2022)「余紀忠講座」將特邀請賀曾樸院士擔任主講人，賀院士的研究專長為光譜學、電波天文學、干涉術、恆星與行星形成，涵蓋星系、星系中心等等，建表面識以上的專門論文之，以其優秀研究與突破，學術成就斐然。

賀院士本次的講座為First Direct Image of a Black Hole(史上首張直接觀測到的黑洞影像)，希望透過賀院士精闢的解析，讓社會大眾對黑洞有更多的認識，一同探尋黑洞神秘的色彩。

歷年講者

...

國立中央大學　余紀忠文教基金會

111年 12月13日 上午10時
中央大學教研大樓大禮堂

09:40–10:10　報到
10:10–10:20　致詞

10:20–10:25　開幕致詞暨頒贈儀式
10:25–10:30　貴賓致詞暨致贈
10:30–12:00　主題演講

余紀忠講座

First Direct Image of a Black Hole

史上首張直接觀測到的
黑洞影像

111年 12月13日 上午10時
中央大學教研大樓大禮堂

主講人　賀曾樸 院士

【賀曾樸院士著作暨黑洞影像展】
12/13–1/31
中央大學圖書館

主講人簡介　賀曾樸 院士

中央研究院院士及中央研究院通信研究員，現任東亞天文臺(East Asian Observatory)臺長、麥克斯威爾電波天文望遠鏡(James Clerk Maxwell Telescope)臺長。

曾任中研院天文所籌備處主任及所長，致力推動臺灣天文發展，特別重視研發先端天文觀測儀器，網羅許多未被陣列、李遠哲宇宙背景輻射陣列(AMiBA)、阿塔卡瑪大型毫米及次毫米波陣列(ALMA)、格陵蘭望遠鏡(GLT)、中美掩星計畫(TAOS)及海王星外自動搜星看音計畫望遠鏡(TAOS–2)、廬頁紅外線相機(WIRCam)、新一代超廣角相機(HSC)、主焦點光譜儀(PFS)、地球空間中之能星與輻射人造恆星(ERG)、宇宙學及天文物理太空紅外線望遠鏡(SPICA)等儀器的研發與興建計畫；並且推動亞洲參與東亞區域天文座聯盟(EACOA)，期與賀盧院升臺東亞天文界的競爭力。

學歷

Ph.D., Dept. Physics, Massachusetts Institute of Technology (1977)
S.B., Dept. Physics, Massachusetts Institute of Technology (1972)

經歷

- ELT/METIS Co-Investigator (2019–2025)
- Joint Professor of Physics, National Cheng Kung University (2018–2021)
- Distinguished Visiting Fellow, Korea Astronomy and Space Science Institute (2015–2018)
- Principal Investigator, ERG-Taiwan (2013–2018)
- Principal Investigator, Greenland Telescope (2011–2023)
- Principal Investigator, SUMIRE/PFS-Taiwan (2011–2014)
- Principal Investigator, Subaru HSC-Taiwan (2004–2014)
- Adjunct Professor, Dept. Physics, National Tsing Hua University (2006–2023)
- Principal Investigator, Atacama Large Millimeter/Submillimeter Array-Taiwan (2005–2015)
- Joint Professor, Graduate Institute of Astrophysics, National Taiwan University (2003–2004 & 2006–2015)
- Adjunct Professor, Dept. Astronomy, National Central University (2003–2004 & 2005–2010)
- Joint Professor, Dept. Physics, National Taiwan University (2003–2004)
- Distinguished Research Fellow, ASIAA (2002–2021)
- Principal Investigator, ASIAA/NTU AMiBA (2002–2003, 2005–2014)
- Principal Investigator, ASIAA SMART (2002–2003, 2005–2014)
- Senior Astrophysicist, Smithsonian Astrophysical Observatory (1989–2015)
- Project Scientist, SAO Submillimeter Array (1989–2005)
- Associate Professor, Dept. Astronomy, Harvard University (1986–1990)
- Assistant Professor, Dept. Astronomy, Harvard University (1982–1986)
- Miller Fellow, Dept. Astronomy, Univ. California (Berkeley) (1979–1982)
- Postdoctoral Fellow, Dept. Astronomy, Univ. Massachusetts (Amherst) (1977–1979)

余紀忠講座會議手冊

余紀忠講座賀曾樸院士演講海報

余紀忠講座

賀曾樸 院士
著作展 及 黑洞
科普書展

展出資訊

日期：111/**12/13**~112/**1/31**
時間：週一至五 8:00-22:00
　　　週六日 10:00-19:00
地點：總圖書館一樓
　　　（國立中央大學）

國立中央大學圖書館 敬邀

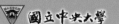
國立中央大學　　余紀忠 文教基金會

中央大學圖書館賀曾樸院士著作與黑洞科普書展海報

賀曾樸：
First Direct Image of a Black Hole
史上首張直接觀測到的黑洞影像

| 目 次 |

3　賀曾樸院士簡介

7　講座精彩照片簡輯

18　致詞一／綦振瀛

20　致詞二／林聖芬

22　引言／劉兆漢

25　講座：First Direct Image of a Black Hole
　　　　史上首張直接觀測到的黑洞影像／賀曾樸

73　對談：First Direct Image of a Black Hole
　　　　史上首張直接觀測到的黑洞影像／賀曾樸・葉永烜

81　回應一：出乎意料又合情合理／卜宏毅

89　回應二：黑洞與重力的表裡相應：
　　　　　　由賀曾樸院士於中央大學余紀忠講座之演講
　　　　　　〈史上首張直接觀測到的黑洞影像〉談起／游輝樟

95　附錄一：賀曾樸院士著作目錄

109　附錄二：余紀忠講座編目

111　附錄三：余紀忠文教基金會暨中央大學余紀忠講座介紹

113　編後記／李瑞騰

【致詞一】
綦振瀛（國立中央大學副校長）

　　賀曾樸院士、劉兆漢院士、葉永烜院士、蔣偉寧董事長、余紀忠文教基金會林聖芬副執行長，以及各位與會貴賓、各位老師及同學，大家好。很高興也歡迎大家蒞臨中央大學，參加由余紀忠文教基金會與中央大學共同舉辦的「第12屆余紀忠講座」。

　　中國時報的創辦人余紀忠先生是中大最傑出的校友之一，他的識見宏遠、胸懷恢闊，作為一個媒體人，充分發揮知識份子的影響力，對臺灣的社會有極大的貢獻，也為後世樹立不朽典範。

　　2008年余紀忠文教基金會與本校共同創立「余紀忠講座」，我們每年邀請學術地位崇高的學者蒞臨本校擔任講座，以不同主題的演講，展現本校對於人文社會議題的關注與重視，也顯現余紀忠先生對國家社會關懷的理念，中大師生非常榮幸的能夠每年參與這具有代表性的知識饗宴。

　　今年我們特別邀請賀曾樸院士擔任講座。賀院士為中央研究院院士，天文及天文物理研究所的通訊研究員，曾經擔

任中央研究院天文及天文物理研究所籌備處的主任及所長。
他致力於推動臺灣天文發展，特別重視研發尖端天文觀測儀
器，例如阿塔卡瑪大型毫米及次毫米波陣列（Atacama Large
Millimeter/submillimeter Array，縮寫為ALMA）、格陵蘭望
遠鏡（Greenland Telescope，縮寫為GLT）等等。除此之外，
賀院士也積極推動臺灣參與東亞核心天文臺聯盟（East Asian
Core Observatories Association, EACOA），致力於地區性的合
作與發展，以提升東亞天文界的競爭力，進而促成及鼓勵更多
學者投身基礎科學研究。

　　賀院士本次的演講主題為：「First Direct Image of a Black
Hole」，也就是「史上首張直接觀測到的黑洞影像」。今天我
們很高興能夠透過賀院士的說明以及解析，讓我們學習更尖端
的天文科學，也讓在場各位能夠對「黑洞」（Black Hole）有
更深入的了解及嶄新的看法。

　　在這裡我代表中央大學誠摯的歡迎大家，並且預祝今日的
講座順利成功。謝謝！

【致詞二】
林聖芬（余紀忠文教基金會董事兼副執行長）

　　中央大學綦副校長、今日講座的三位院士，以及在座各位中央大學的老師、貴賓、同學大家好，歡迎一起參與聆聽這一場精彩的演講。在此先代表余紀忠文教基金會余範英董事長向各位致歉，因余董事長這兩日身體不適無法親自參與，為不因此影響本次盛會順利進行，由我代理出席本次講座。

　　誠如綦副校長所說，余紀忠文教基金會從2008年即持續不斷與中央大學一起舉辦講座，邀請到知名學者與專家來分享各領域重要研究與發展成果，期望為中央大學的師生們樹立一個學習的典範。

　　我長期服務於《中國時報》並深受余紀忠文教基金會余紀忠先生的精神感召，深感新聞工作不應僅僅是報導，而是應該具有社會責任的理念與實踐，此精神與抱負一樣可以運用在各個不同的領域中落實。就如同近期與中央大學委員召開的董事

會議中，我們持續構思如何統合產學界各項資源，例如與中央大學的合作淵源，針對舉凡社會現況議題中的「永續發展目標」（SDGs）、企業社會責任等理念的治理與推廣，結合相關單位或組織的互助合作，以提升民眾對這些議題的認知，這皆是我們持續舉辦這樣講座的用意與責無旁貸的任務。

「黑洞」（Black Hole）對於我們而言是一個遙遠、未知以及充滿想像空間的領域，本次講座我們邀請中央研究院天文及天文物理研究所賀曾樸院士為我們主講：「First Direct Image of a Black Hole」（史上首張直接觀測到的黑洞影像），透過今天的演講相信能夠讓我們獲得不同意義的啟發，非常感謝中央大學本次的安排，讓我們一起聆聽這場令人期待的精彩演講。謝謝大家!

【引言】
劉兆漢（中央研究院院士）

　　各位貴賓、各位教授、各位同學，我是劉兆漢，今天很高興也很榮幸來到本年度的余紀忠講座，向大家介紹本場講座的主講人賀曾樸院士。賀院士的大學和研究所都就讀美國的麻省理工學院（Massachusetts Institute of Technology, MIT），在1977年拿到PhD，目前在中央研究院天文及天文物理研究所擔任客座講座。賀院士也是世界上兩個非常有名的天文望遠鏡主持人，一個是詹姆斯・馬克斯威爾望遠鏡（James Clerk Maxwell Telescope，簡稱JCMT），另一個是東亞天文臺（East Asian Observatory），這兩者都是世界上非常有名、重量級的無線電天文望遠鏡，而賀院士都是主持人。賀院士的專業領域是無線電天文學（Radio Astronomy），以及與無線電天文有關所需要的技術，尤其是所謂的「干涉術」（Interferometry）。他的研究領域涵括了恆星和行星的形成，星系（galaxy）的進化、評估，還有黑洞。賀院士有非常崇高的學術研究成就，一共發表了400多篇的學術論文，並且獲得許多獎項。

　　講座開始前在此先向各位科普一下，我前面說了很多次賀院士是無線電天文學家。什麼是無線電天文學呢？人類對於天文學的研究已歷經好幾個世紀，古人觀察星象，因而發

展出天文學，這些天文學是目前所謂的「光學天文」（Optical Astronomy），它用的信號是可見光，可見光只占電磁波頻譜裡非常小的一部分，大約波長在10的負6次方公尺左右。但是電磁波的波長，分布包含的非常廣，可以從10的負16次方公尺到10的正7-8次方公尺。以前的天文學只用了頻譜中很小的一部分，10的負6次方公尺附近，而賀院士利用毫米波跟次毫米波，及波長更長的無線電波，也就是電磁波頻譜波長大約10的2次方到10的負4次方公尺的無線電波來研究天體，用這樣的波長來研究天文學稱為「無線電天文學」。

　　無線電天文學，也稱「電波天文學」，事實上是上個世紀1930年，有一位科學家卡爾·央斯基（Karl Guthe Jansky），他當時在貝爾電話公司（Bell Telephone Company）做短波通訊相關的研究工作，無意間發明了無線電天文。從1930年代開始，有很多人致力於無線電天文研究，但礙於沒有良好的研究工具，不像光學天文有光學望遠鏡已非常進步，當時無線電望遠鏡的研究幾乎還沒開始發展。

　　二次世界大戰期間全世界各個國家開始發展雷達，即是用無線電波來做偵測，戰後許多專家認為雷達可以拿來做無線電

天文的研究工具，首先是英國的科學家，再來是蘇聯、荷蘭的科學家等，用老舊的雷達做無線電天文。接下來，是1960年代美國在波多黎各（The Commonwealth of Puerto Rico）蓋了300米的無線電雷達，後來變成望遠鏡，成為世界上當時最大的無線電望遠鏡。幾年前中國大陸蓋了一個口徑500公尺的「天眼」無線電望遠鏡。這兩個望遠鏡都是這四、五十年來，在無線電天文用10的2次方到10的負1次方公尺等級的波長來做天文研究。在此順帶提一下，中央大學校園裡的極高頻（VHF）雷達偵測的波長為6米，也可以用來做無線電天文研究。在無線電頻譜裡波長更短是10的負3到負4次方公尺，也就是所謂的次毫米，而賀院士就是這領域世界級的專家。

　　賀院士在1990年代來到臺灣，當時參與了中央研究院天文及天文物理所籌備處的工作，致力推動無線電天文的發展，中研院在這二、三十年將無線電天文推到世界前緣，賀院士就是這個幕後推手之一。他擔任所長的時候，協助中研院參加世界上好幾個最大且重要的無線電望遠鏡研究，今天他特別要談談利用事件視界望遠鏡（Event Horizon Telescope，EHT）觀測到近代天文的大事件，就是首次照到了黑洞。讓我們歡迎賀院士來為我們分享「First Direct Image of a Black Hole」。

【講座】

First Direct Image of a Black Hole
史上首張直接觀測到的黑洞影像

賀曾樸

*本文內七個與黑洞有關的名詞解釋由陳文屏教授撰寫。

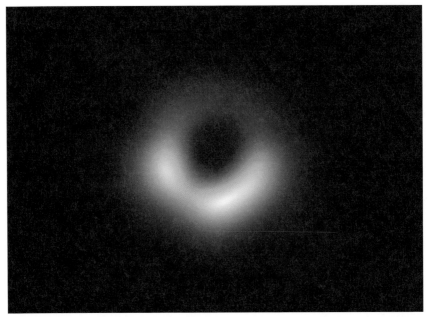

2019年4月經EHT團隊觀測到首張的黑洞影像，是在名為M87的星系中央的超大質量黑洞，距離我們5,300萬光年。（圖片來源：Event Horizon Telescope團隊，簡稱EHT團隊）

　　謝謝各位，也謝謝兆漢校長，他是我長期支持者，中央研究院（以下簡稱中研院）天文研究所在臺灣的發展都靠他幫我們。我很高興今天能到中央大學參加余紀忠講座，這張照片是我們參與的、人類第一次看到黑洞的影像。

　　我的好朋友龍應台跟我說，她寫這篇文章是因為余紀忠先生跟她的談話。應台說的話很美：

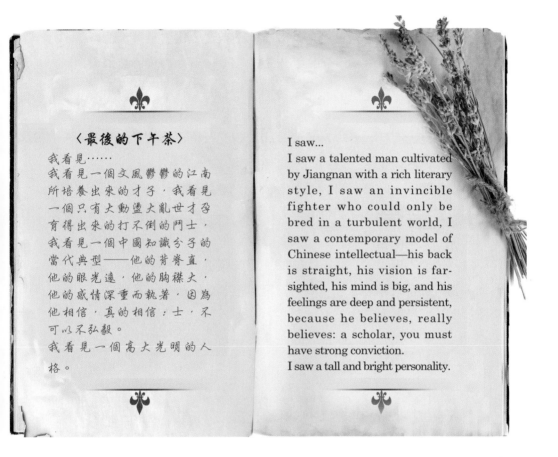

〈最後的下午茶〉

我看見……
我看見一個文風鬱鬱的江南
所培養出來的才子，我看見
一個只有大動盪大亂世才孕
育得出來的打不倒的鬥士，
我看見一個中國知識分子的
當代典型——他的背脊直，
他的眼光遠，他的胸襟大，
他的感情深重而執著，因為
他相信，真的相信：士，不
可以不弘毅。
我看見一個高大光明的人
格。

I saw...
I saw a talented man cultivated
by Jiangnan with a rich literary
style, I saw an invincible
fighter who could only be
bred in a turbulent world, I
saw a contemporary model of
Chinese intellectual—his back
is straight, his vision is far-
sighted, his mind is big, and his
feelings are deep and persistent,
because he believes, really
believes: a scholar, you must
have strong conviction.
I saw a tall and bright personality.

「Farsighted vision, back is straight, mind is big, feelings are deep and persistent, because he truly believes.」

As a scholar you have to have vigorousness and endurance. That is philosophy。我希望科學也follow這個想法，應該是非常努力pursue truth, pursue the fundamental Physics.

黑洞陰影是研究「重力」三個最重要的實驗之一，而臺灣在此

研究扮演了關鍵的角色。其中重要的技術主要是「雷射」，其他還包括「干涉術」（Interferometry），這些在重力方面的實驗都很重要，尤其在黑洞的研究，不但證明了廣義相對論的原理，也在天文物理方面具有非常重要的意義。臺灣應該持續進行下一步的實驗，除了科學家努力工作，也非常需要政府、研究單位、工業界以及大學的幫助，尤其需要學生幫我們一起做研究。

學生會問為什麼做天文？這是因為天文是最老的科學領域，試圖回答最基本的問題：「萬物為何存在。」我們研究的範圍包括所有的空間、時間，也就是整個宇宙，這包含了所有過去時空的歷史，以及全部的未來。這樣基本的研究需要經費，也需要年輕人參與，因為科學是人類的未來，同時又可以推動技術轉移，並發展大數據科學，這就是我們的未來。

黑洞的發現

我們在2019年拍到黑洞，當然不是真正「看到」黑洞，而是看到黑洞的陰影，當時在全球每家媒體都登出這張照片，還登上Google的標題。這個成果也陸續獲得非常多獎項，例如Breakthrough Prize in Fundamental Physics（基礎物理突破獎）、Einstein Medal（愛因斯坦獎章）等等。

在2017年關於發現黑洞的成果，臺灣是全球六個同步舉行的記者會之一。當時在中研院召開記者會，有電視台來到院裡採訪，同時有網路直播，觀看人數達全臺人口10％，是非常受矚目的成果。在2019年，中研院開放參觀日，主題為 "fall into the black hole"，很

多來賓到院參觀並拍攝黑洞影像留念。

　　為什麼這件事情這麼重要？這是因為以前看不到的東西，現在看到了，當然非常讓人興奮。黑洞具有強大的重力，任何東西都無法從黑洞跑出來，連光線也不行，因此我們無法獲得黑洞內部的資訊，無法知道黑洞裡面長什麼樣。小型黑洞是大質量恆星（大於太陽質量的5～10倍）結束了所有核反應後，所產生超新星爆發之後的終極狀態。另外還有一種位於星系中心的超大質量黑洞，到底它們的溫度、密度為何？怎麼樣測試廣義相對論呢？雖然黑洞理論存在很久了，但之前沒有真正被看到過。

2019年4月10日全世界各媒體同步報導觀測到首張黑洞影像的新聞。（圖片來源：媒體新聞）

2019年10月26日中央研究院舉辦「Open House」活動，讓大家參與觀測到黑洞影像的講座。（圖片來源：中央研究院）

有關黑洞的物理學原理

　　在此我們先講一些簡單的物理。假如要發射火箭出去，我們可以計算需要多快的速率，這是個動能與重力位能取得平衡的原理。這些公式在學校裡應該有學到，可以估計出「脫離速度」取決於物體的「質量除以半徑」來決定。太陽系當中的天體，像是地球、火星的表面，脫離速度差不多是秒速10到50公里，發射火箭必須比這個快，才能離開地面。

　　黑洞呢？如果脫離速度等於光速，就表示連光都跑不出去，那麼其他東西也都出不去。這個區域的半徑稱為「史瓦茲半徑」（Schwarzschild radius），在這區域之內連光線都無法逃脫，這就是黑洞。也就是要是某個區域當中塞進太多質量，就成了黑洞。

何謂脫離速度？

　　對於質量為M，半徑為r的天體，其表面質量為m的物體，若以v的速度發射。考慮動能等於位能

$$\frac{1}{2}mv^2 = \frac{GMm}{r}$$

　　其中G是萬有引力常數，那麼上式中，當$v_{esc} = \sqrt{2GM/r}$，稱為脫離速度（escape velocity），是脫離M表面的最小速度，足以讓物體跑到無限遠；小於此速度者，將掉回表面。天體質量越大，或是半徑越小，脫離速度越大，也就是越不容易脫離表面。以地球來說v_{esc} = 11.2 km/s。太陽系其他代表性天體表面的脫離速度，請見下圖。

太陽系天體的表面脫離速度。（圖片來源：底圖取自IAU）

黑洞的定義

　　光線是宇宙中跑得最快的東西。對於質量為 M，半徑為 r 的天體，當脫離速度等於光速 $V_{esc}=C$，那麼 $r=R_{Sch}=2GM/C^2$。 R_{Sch} 稱為「史瓦茲半徑」，在此範圍內連光線都無法逃脫，我們從外面因此看不到裡面的任何東西，就是俗稱的「黑洞」。以史瓦茲半徑定義的球面，稱為「事件視界」（event horizon），我們無法得知視界內的情形。

　　所以在黑洞裡面是怎麼樣子呢？記得黑洞的定義是質量除以半徑，但是另一方面，物體的密度則是質量除以體積，也就是除以半徑的三次方。所以像是地球質量的黑洞，它的密度會是水的 10^{27} 倍（1後面跟了27個零）。但對於非常大的黑洞，例如我們這裡說的 M87 星系中央的超大質量黑洞，它的密度就只有水的千分之一。

黑洞內的物理──不同質量黑洞的性質差異

　　由黑洞的定義，可知黑洞的半徑（大小）取決於其質量；質量越大的黑洞，半徑也成正比變大。例如質量兩倍大的黑洞，半徑也是兩倍大。

　　另一方面，任何物體的密度是質量除以體積，而體積是半徑的三次方。所以同樣質量的東西，如果半徑變成2倍，體積成了8倍，物質分配到比較大的體積內，密度就降低成了八分之一。

　　這表示依照黑洞的定義，質量越大的黑洞，雖然半徑也成比例越大，但因為體積並未照比例增大太多，所以密度越低。例如質量2倍大的黑洞，半徑雖然成了2倍大，但是體積成了8倍，質量除以體積所得到的密度成了四分之一。

　　地球的質量為6×10^{27} g，史瓦茲半徑為1cm，而這樣的黑洞密度則為水的10^{27}倍；太陽質量大得多，為2×10^{33} g，史瓦茲半徑為300公里，而密度則為水的10^{11}倍，雖然數值比地球黑洞來得小，但還是緻密得不可思議。

　　但是對於M87中央的超大質量黑洞，據估計其質量為1.3×10^{43} g，史瓦茲半徑為130AU。這裡AU是地球跟太陽的平均距離，差不多是1億5千萬公里，這樣的超大質量黑洞密度則為水的千分之一，跟空氣相當，並無特殊之處。

　　以上說明很大的黑洞內部並無特殊之處。有人甚至把整個宇宙的質量跟大小相比，認為宇宙本身就是個黑洞，因而推論我們就住在黑洞裡面。

　　下圖這張黑洞的影像，看起來中央黑黑的，似乎有個洞，其實黑洞在裡面我們看不到。影像中也示意了太陽系當中的冥王星軌道大小，這張影像的解析力約為42微角秒。

角秒是個角度單位

　　一個圓周為360度，其中一度等分為60角分，而一角分又等分為60角秒。也就是說，一角秒為一度的3,600分之一，是個很小的角度，相當於新臺幣1元硬幣（直徑2公分）在距離4公里之外觀看的張角。微角秒則是一角秒的百萬分之一。

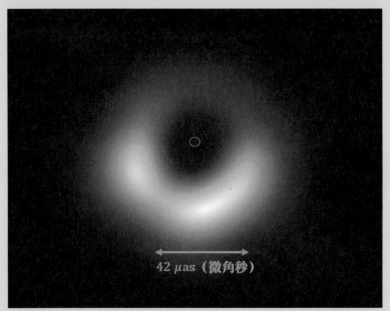

42 μas（微角秒）

黑洞陰影與太陽系的大小比例圖。中央的圓圈為冥王星軌道示意圖，下方箭頭大小表示觀測的解析角度。（圖片來源：EHT團隊，並由陳文屏編輯）

　　這裡有幾個相關的物理知識：

1. 光線的能量跟波長有關；波長越短（頻率越快），光線能量越強。

2. 光線也跟溫度有關；發光體溫度越熱，發出的光線能量也越強。

3. 真空中的光速是恆定的。

4. 東西越遠，看起來就越小。黑洞離我們很遠，所以看起來（張角）很小。

5. 能量守恆、角動量守恆。

6. 都卜勒效應（Doppler effect），就是常見的火車鳴笛效應，也就是火車向著我們來，一樣的鳴笛聲聽起來變得高亢；而一旦火車離我們而去，則變得低沉，這就是為何在黑洞的照片中，因為黑洞的自轉造成周邊亮暗不同，這其當然另外還有廣義相對論的效應。

　　我們眼睛的靈敏度依照表面6,000度的太陽輻射而演化，能看到的可見光只佔電磁波很小部分的波段。觀測天體的角分辨力跟觀看波長有關，波長越長，分辨力越差，因此在長波觀測黑洞需要特殊干涉技術才可達成。

　　最近有關黑洞的研究，有三個面向：「聽到」、「感覺到」、以及「看到」。目前已經知道十幾個「聽到」黑洞產生重力波的例子。另外一個黑洞存在的證據，是如果有星星在黑洞旁邊，透過測量星星受到黑洞重力影響的運動，可以「感覺到」黑洞存在。至於這次的例子則是「看到」「事件視界」的影像。這些例子的共同技術就是雷射以及干涉術，第一項成果獲得2017年諾貝爾物理學獎，第二項則獲得2020年諾貝爾物理學獎，這些都表示重力研究是基本物理的重要工作。

「聽到」黑洞

　　透過LIGO（雷射干涉引力波天文臺，Laser Interferometer Gravitational-Wave Observatory的縮寫）的實驗，當兩個中子星或是黑洞合併，我們可以「聽到」重力波。其它的重力波偵測器還包括在歐洲義大利的VIRGO（室女座重力波團隊，The Virgo Collaboration，簡稱VIRGO）以及位於日本的KAGRA（神岡重力波探測器，Kamioka Gravitational wave detector, Large-scale

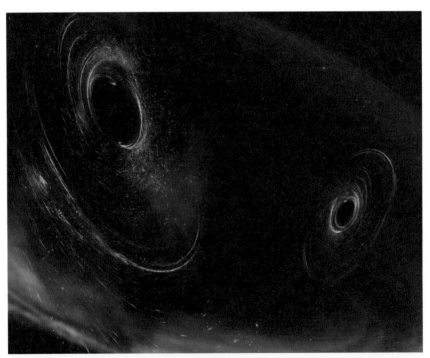

重力波造成時空扭曲的示意圖，重力波探測器利用雷射以及光學干涉技術能測量因此而造成極微小的儀器形變。（圖片來源：LIGO /Caltech）

Cryogenic Gravitational wave Telescope，簡稱 KAGRA）。這些儀器都有兩條真空隧道，用來偵測當重力波通過的時候，以雷射測量反射鏡面所產生極度微小的距離改變。

　　為什麼說是「聽到」重力波呢？是因為這個頻率差不多是一百赫茲（GHz），是我們耳朵可以聽到的範圍，用聲波來類比，有如出現了明顯的音調。目前已經偵測到很多類似這樣的案例，這樣的音頻，就是重力波造成的。

上圖為LIGO。（圖片來源：LIGO/Caltech）

中圖為VIRGO。（圖片來源：The Virgo Collaboration）

下圖為KAGRA示意圖。（圖片來源：ICRR, University of Tokyo）

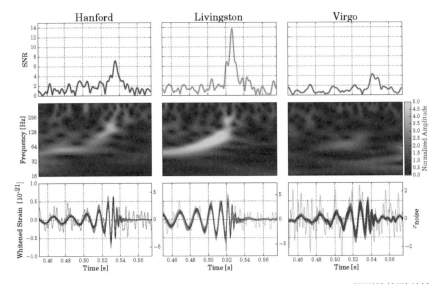

重力波事件GW170814，由LIGO Hanford' LIGO Livingston以及VIRGO觀測站偵測到所造成訊號相對於雜訊、頻率與震幅，以及應力（變形）的數據，橫軸時間起點為2017年8月14日國際標準時 10:30:43。（圖片來源：LIGO /Caltech）

　　如何判定重力波來自何處？下圖顯示了重力波源的可能方位，可以看到不確定性非常大。要想知道重力波源來自哪個天體，必須使用視野非常大的望遠鏡，例如日本的日本「昴星團望遠鏡」（Subaru Telescope），位於美國夏威夷，它配備了一個巨型的廣角相機（Hyper Supreme Cam; HSC），其視野可以涵蓋整個仙女座星系。臺灣中研院天文所也參與了這個相機的建置，協助建造了濾鏡轉換裝置。

　　利用Subaru的HSC這個廣角相機，可以偵測到例如暗物質所造成背景影像微小的變形，藉此推測出暗物質的分布。這個望遠鏡也用來研究重力波源，例如下圖顯示原來在8月18-19日取得的影像中

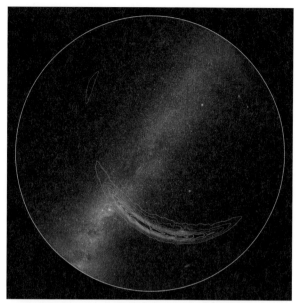

重力波偵測器對於方向的解析力不佳，圖中的背景是一般的
可見光照片，可以看到部份銀河，弧狀區塊標示重力波源
可能的方向，涵蓋了很大的天區範圍。（圖片來源：LIGO /
Caltech）

圖左Subaru望遠鏡外觀；圖中配置於Subaru望遠鏡的HSC像機外觀；圖右HSC相機視野極寬，視
野足以涵蓋整個仙女座星系。（圖片來源：ASIAA）

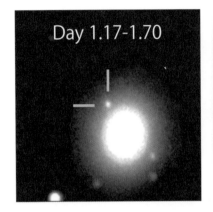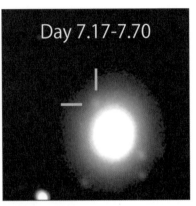

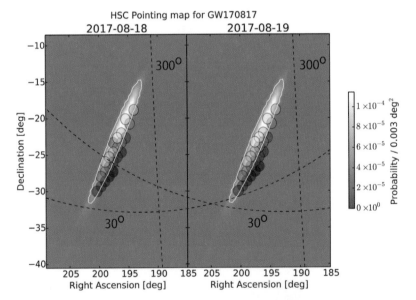

（上圖）Subaru/HSC相機以及IRSF所取得可見光與紅外波段三色合成影像，顯示GW170817的事件，可能來自合併的中子雙星，圖中的星系為NGC 4993（圖片來源：Utsumi et al. 2017, PASJ, 69, 101）。

（下圖）針對GW170817重力波源可能所在的天區，HSC搜尋了70％到90％的天空面積，發現NGC4993天體最有可能是重力波來源。圖中圓圈代表HSC的視野，顏色代表搜尋的順序（圖片來源：Taminaga et al. 2018, PASJ, 70, 28）。

看到有顆星星存在，但是幾天後在8月24-25日的影像中，星星消失了。剛開始重力波可能來自的方向很廣泛不好找，但透過了這臺廣角望遠鏡，能辨認出這顆消失的小星星，我們因此判斷這應該就是重力波源。

這是什麼樣的天體呢？我們稱之為「千級新星」（Kilonova），這種天體有如超新星一樣，爆炸後亮度慢慢變暗，透過這樣的亮度變化，我們得以確認它是真的重力波源。

對於重力波研究的展望呢？我們希望在未來做出更厲害的重力

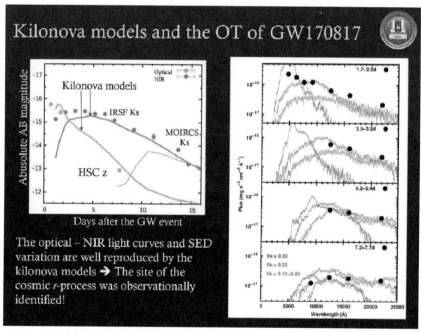

（左）在可見光（藍綠色數據點）以及紅外波段（紅色數據點）所觀測到亮度隨時間的變化，（右）以及光譜分布隨時間演化，符合千級新星的理論預期（曲線）。（圖片來源：NAOJ）

波望遠鏡，才能觀測到更多重力波，以更加了解產生重力波的天體。這樣不僅能看到很小的，還能看到質量很大的黑洞，當它們彼此碰撞的時候，我們便能夠偵測到這些現象，更進一步檢驗廣義相對論的正確性。

　　萊納·魏斯（Rainer Weiss）、基普·史蒂芬·索恩（Kip Stephen Thorne），和巴里·克拉克·巴利許（Barry Clark Barish）在2017年獲得諾貝爾物理學獎。這張是1970年代萊納·魏斯在實驗室的照片，他的研究經過了五十年後拿到諾貝爾獎。愛因斯坦在1917年提出廣義相對論應用於宇宙學的理論；物理學家查爾斯·湯斯（Charles H. Townes）在1953年的時候發現了「邁射現象（maser）」，然後跟其他人在1957年發明雷射（Laser）。因此1964年諾貝爾物理學獎頒給湯斯、尼古拉·根納季耶維奇·巴索夫（俄語：Николай Геннáдиевич Бáсов，英語：Nikolai Gennadievich Basov），以及亞歷山大·米哈伊洛維奇·普羅霍羅夫（俄語：Алексáндр Михáйлович Прóхоров，英語：Alexander M. Prokhorov）。1968年麻省理工學院（簡稱MIT）已經開始使用雷射，在我大一的時候，老師要我們參加晚上的討論會，討論物理學有哪些最棒的實驗。而我為什麼要參加這些討論會呢？因為老師說有甜甜圈可以吃，這樣我當然一定會去啊！當時我從事「液態染料雷射」（liquid dye laser）的研究，而當時魏斯是助理教授，他正進行宇宙微波背景與雷射的研究，這項研究成為重力波偵測的濫觴，而過了差不多五十年後才成功偵測到重力波，然後到2017年得到諾貝爾獎。大一到大三我跟著這些學者做雷射，但覺得太難做，於是後來我改做天文。

魏斯1970年代在MIT實驗室。（圖片來源：賀曾樸院士提供）

魏斯五十年後終於成功偵測到黑洞訊號。
（圖片來源：賀曾樸院士提供）

左圖為查爾斯・湯斯（Charles H.Townes）發明第一臺研究電磁波理論操作裝置。右圖為大一時老師說討論物理學最棒的實驗有甜甜圈可以吃，於是我就參加了這團隊。（圖片來源：左圖為維基百科，右圖賀曾樸院士提供）

「感覺到」黑洞

怎麼感覺到重力呢？地球受到太陽重力吸引而規律繞行，太陽的質量影響了地球軌道快慢。同樣道理，星星繞行在黑洞旁邊，藉由測量星星怎麼跑，就能估計黑洞的質量。安德烈婭・米婭・蓋茲（Andrea Mia Ghez）和賴因哈德・根舍（Reinhard Genzel）藉由測量銀河系中心星星的運行，用來估計黑洞的質量，這是一項非常重要的實驗。

歐洲南方天文臺（European Southern Observatory，縮寫 ESO）是歐洲位於南半球的天文研究機構，其所管理位於智利的「甚大望遠鏡」（Very Large Telescope; VLT），在光學方面的研究做得非常好。他們利用雷射導星來抵銷地球大氣對於影像的干擾，並利用干涉術來提高解析能力，目前測量天體的位置能精準到數十微角秒，

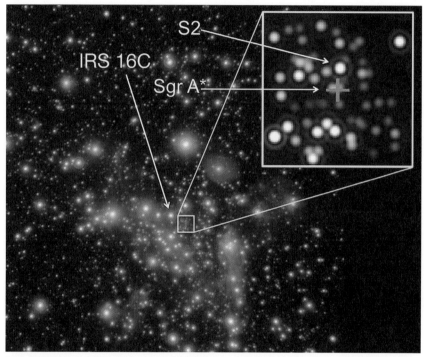

圖中每個亮點代表銀河系中心附近的星體，中央的十字代表 SgrA*，是個強烈的電波源。一般相信SgrA* 就是個黑洞，雖然看起來沒有對應的星體，但是提供了相當於4百萬個太陽質量的引力，讓其他的星體都繞其快速運動。（圖片來源：ESO/MPS/S. Gillessen et al）

ESO的VLT 個別望遠鏡可以構成干涉儀，取得高解析影像，觀測出黑洞旁發出的光而證得黑洞的存在。（圖片來源：G.Hüdepohl/ESO）

相當於千分之角秒的解析力。請記住這些數字，它們與下述的實驗有關。

　　這樣的儀器跟重力波實驗差不多，也是透過用雷射以同相位產生干涉現象，來精確測量距離。例如在銀河系中心可以看到編號為S2的天體在SgrA*旁邊運行，高解析力測量出千分之一角秒的精確位置，依此估計S2的速度快達每秒8,000公里，而能夠束縛住跑這麼快速的東西，非得有很強的引力。記不記得前面說到在地球表面，秒速超過約10公里的物體就脫離地表了。根據計算，銀河系中央拉住S2以及其他天體的，就該有個很重的東西，也就是黑洞。另外透過光學觀測也看到黑洞旁邊發出的光，波長有被拉長的現象，

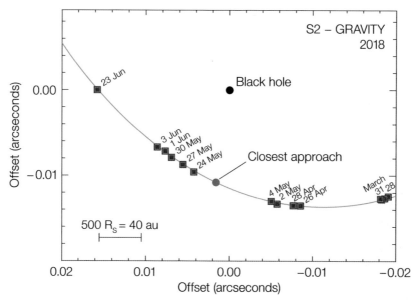

編號S2的恆星相對於黑洞的軌道，經過超過20幾年的測量，得到精確的軌道。此處所示為幾星期內的數據，在2018年5月19日最接近黑洞。（圖片來源：GRAVITY Collaboration, 2018, A&A, 615, L15）

這也是黑洞存在的驗證。

　　我們臺灣也參加了非常重要且龐大的望遠鏡計畫，稱為「歐洲極大望遠鏡（Extremely Large Telescope, ELT）」；另外美國有個「卅米望遠鏡」（Thirty Meter Telescope, TMT）以及「巨型麥哲倫望遠鏡」（Giant Magellan Telescope, GMT）的計畫，希望未來看到更暗的星星，以取得更精確的測量。

　　諾貝爾獎的成果來自精確測量。最重要的是仔細而精確的進行基本物理實驗，依此發現重要的物理現象，並且引發進一步的發現，這些全仰賴新穎的技術。

2020年物理諾貝爾獎頒給黑洞研究，得獎者為（上圖左）Ghez，以及Genzel（上右圖之右），上右圖之左為發明雷射的湯斯。（圖片來源：賀曾樸院士）

　　2020年諾貝爾物理學獎頒給蓋茲和根舍。這裡的背景故事是諾貝爾物理學獎得主，也就是雷射共同發明者湯斯在1967年從MIT轉到柏克萊大學研究銀河系中心，而根舍則在1980年前往柏克萊，加入了湯斯的研究群，甚長基線干涉術（Very Long Baseline Interferometry）改做紅外天文，而我這時候做次毫米波干涉術。也是五十年之後，他們測量到關於黑洞的研究而拿到諾貝爾獎。這是我跟黑洞研究第二次失之交臂。很大的遺憾，是吧？

「看見」黑洞

最後我們來討論如何「看見」黑洞。之前說到黑洞非常遙遠，黑洞本身大小約是100AU，而超大質量黑洞則是100倍。M87星系中央的黑洞，距離我們5,300萬光年，相當於5乘以10的20次方公里，非常遙遠。

M87當中的黑洞
質量≈1×10^{43}g、大小≈130AU
距離地球5,300萬光年≈5×10^{20} km
史瓦茲半徑為10微角秒
相比之下，太陽或月球的張角約為30角分
這表示M87的黑洞張角相當於月球張角的 5×10^{-9} 倍

黑洞的範圍也稱做「事件視界」，數學上就是「史瓦茲半徑」，從我們這裡看過去張角只有10微角秒。換句話說我們需要比根舍實驗的毫角秒解析力，還要好上1,000倍。相比之下，平常看到的太陽、月亮的張角是30角分，而M87黑洞的張角，只是月亮張角大約億分之一。這樣需要極高的解析力，有如從地表看清月球表面一個甜甜圈的大小。

根據廣義相對論，重力會改變時空的形狀，而光線則順著時空行進。平常「走直線」的光線，當時空扭曲了，光線的路徑也就彎曲了。所以當黑洞周圍的光線彎到黑洞裡面去，就無法到我們這

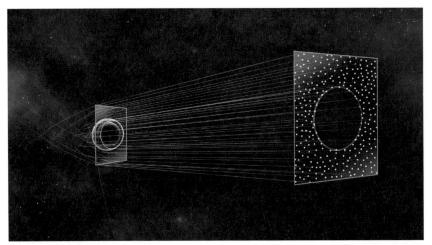

依照廣義相對論理論，黑洞陰影的大小約為史瓦茲半徑的5.2 倍。（圖片來源：賀曾樸院士）

裡。這個影響的範圍大約是史瓦茲半徑的5.2倍。所以根據理論，黑洞實際大小大約是照片中的黑暗部分的五分之一。

黑洞研究的歷程

我們利用電波觀測銀河系中心的複雜結構已有很長的時間了。以波長90公分的電波觀測，可以看到圖像非常複雜，每個圓圈代表一顆超新星爆發之後產生的球殼狀遺骸，中央原來有顆超新星，然後從圓圈延伸出去螺旋結構。但是中央的部分，即使影像怎麼放大還是一個小點，細節解析不出來，我們認為就是黑洞。

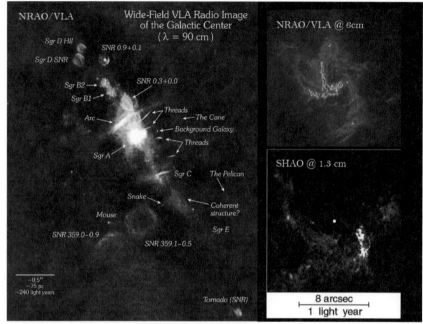

銀河系中心有大量超新星爆發的遺骸，尺度持續放大仍然看到複雜結構。〔圖片來源：（左）NRAO/VLA；（右上）NRAO/VLA；（右下）上海天文臺〕

　　怎樣看到黑洞呢？目前有兩個例子，一個是銀河系中央的黑洞SgrA*，這是距離我們最近的超大質量黑洞，另一個是M87星系當中的黑洞。尺度很巧，大約都約40微角秒，要分辨這麼小的角度，需要在次毫米波段運用長基線干涉術來觀測，要求的精確度達百億分之一。

觀看黑洞的挑戰在於尺度很小。大東西如果距離很遠，看上去的張角也很小。當然本身如果是很小的東西，即使距離近些看起來張角也很小，以現有的望遠鏡無法解析。而望遠鏡的角解析力，跟波長以及望遠鏡口徑（或基線）有關，目前在光學波段，即使使用干涉技術，仍然無法達到微角秒的解析力，而電波雖然波長比較長，但因為可以增加干涉儀的基線，也就是拉長天線分離的距離，便可獲得超高解析力。要是觀測波長為1毫米，而望遠鏡的基線有如地球這麼大，也就是大約11,000公里，那麼解析力大約是20微角秒。

　　在2017年進行的「事件視界望遠鏡（Event Horizon Telescope）實驗」，全球一共有八個望遠鏡參加，其中有三個望遠鏡臺灣都有參與貢獻，包括了位於智利的ALMA，以及位於夏威夷的SMA及JCMT，我們在整個實驗中扮演了非常重要的角色。

　　甚長基線干涉術（Very Long Baseline Interferometry，簡稱VLBI）是什麼東西呢？就是結合地表相隔遙遠的天線，把它們收集到的訊號進行干涉，達到相當於地球大小般的望遠鏡的解析力。我們需要光線同時到達地表不同位置的望遠鏡，也就是準確度必須達到波長的二十分之一，相當於跨距10,000萬公里位置要精確到40微米，這非常不容易，需要克服的困難包括基線長、必須用邁射鐘來校正電波抵達各望遠鏡的時間、大氣的雜訊、儀器的電子雜訊、每個望遠鏡的靈敏度各異等等。另外的困難就是我們畢竟只有幾座望遠鏡，雖然基線長，但並非覆蓋了完整的鏡面，這就需要特殊數據分析技術，應用在VLBI又是一項諾貝爾物理獎的成果，也就

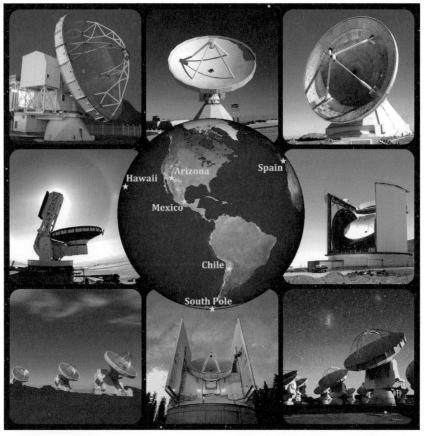

「事件視界望遠鏡（Event Horizon Telescope）實驗」全世界參與的八座望遠鏡。（圖片來源：EHT團隊）

是1974年馬丁‧賴爾（Martin Ryle）以及安東尼‧休伊什（Antony Hewish）影像重建的工作。

關於M87這個星系，太空望遠鏡在之前就已經看到噴流現象。從電波波段觀看在星系兩端看到有強烈噴發瓣的結構。繼續放大可以看到噴流，再用VLBA（利用VLBI技術的一個電波干涉儀）放大，在43GHz的波段，除了噴流，裡面應該就是M87中央的黑洞。

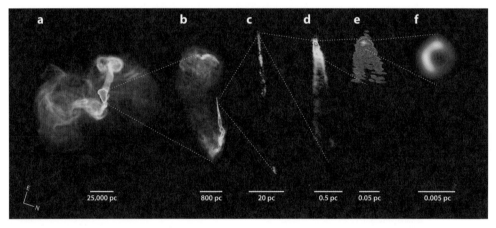

Blandford R, et al. 2019.
Annu. Rev. Astron. Astrophys. 57:467–509

M87星系中央有噴流現象，繼續往中間觀察，有更精細的結構，最中央有個超大質量黑洞。（圖片來源：Blandford et al. 2019, ARAA, 57, 467）

　　根據計算，從我們這裡看過去，M87的黑洞張角差不多是20到40毫角秒，質量約60億個太陽質量。因此我們利用VLBI的觀測，證明了超大質量黑洞（supermassive black hole）的存在。另一方面，對於銀河系中心的觀測目前的解析力為0.1角秒，就必須增強10萬倍，才能看到周圍的物質掉進黑洞的情形；影像必須再銳利些。

　　2017年的EHT實驗的作法是隨著地球自轉，讓銀河系中心陸續進入不同望遠鏡的視野，然後以電腦結合這些數據。當時中研院在格陵蘭的望遠鏡還沒做好，所以無法參加該次觀測，當時參與觀測計畫的有亞利桑納、法國、德國的望遠鏡、在智利的ALMA，以及在南極的望遠鏡，在夏威夷則有我們自己的JCMT。

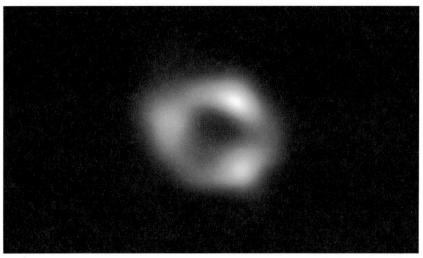

銀河系中心的黑洞。（圖片來源：EHT團隊）

參與EHT觀測黑洞的部分團隊人員。
（圖片來源：賀曾樸院士提供）

　　讓我們先根據理論，猜想黑洞的陰影該長什麼樣子，黑洞裡面有多少東西，還有是否會旋轉。例如如果黑洞沒有旋轉，就應該長這樣（如下圖左），但是如果黑洞在旋轉，就應該是扁的（如下圖右），就會影響到掉進去的東西。另外依照我們觀看的角度，是從黑洞上面看還是從黑洞側邊看，影像就會不一樣。

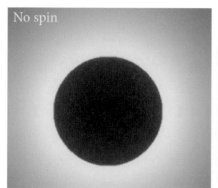
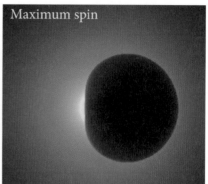

黑洞自轉的效應。（圖片來源：Takahashi, R. 2005, PASJ, 57, 273）

　　而VLBI觀測所取得的陰影影像應該如何？原本的模型如下圖左，模擬的次毫米波VLBI影像預測如下圖右，這個圓圈陰影之外就是黑洞最後的光線軌道。

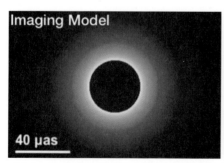
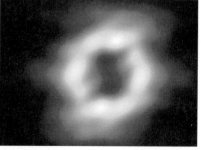

（左）M87當中60億太陽的超大質量黑洞的理論影像；（右）根據左圖模型在345GHz的VLBI電腦模擬影像。（圖片來源：Inoue etal. 2014, RadioScience, 49, 10.1002）

孔徑合成

　　這是一種利用干涉技術的成像方式。望遠鏡成像是鏡面不同部位相互干涉的結果。如果把各自獨立的望遠鏡，安排成有如原來單一鏡面的不同部位，以電腦結合這些望遠鏡所取得的影像，相當於這些最遠分離距離（基線）的單一鏡面的口徑所能達到的解析力。

　　望遠鏡能分辨的最小角度 θ，也就是解析力，為 $\theta = \frac{\lambda}{D}$，這裡 λ 是觀測的波長，而 D 是望遠鏡的口徑。D 越大等於從望遠鏡最遠部位產生最大干涉效果，因此成像越清楚，解析力越好。對於使用干涉術的干涉儀來說，相當於把 D 換成 d，也就是最長基線（望遠鏡之間的最遠距離）。基線越長，解析力越好。但是孔徑合成畢竟並非完整鏡面，因此構成干涉儀的**天線個數越多，兩兩望遠鏡構成的基線數量越多，影像就越清楚、越完整。**

　　孔徑合成的技術可以用在可見光、紅外，或電波波段。在電波波段，相對於波長容易精確的移動儀器位置（以雷射測距），所以在毫米波以及更長的波長比較容易進行。也因為在電波波段，望遠鏡直接接收了訊號的震幅及相位，因此能夠以電腦將個別望遠鏡的訊號合成，彼此干涉。但在可見光則只能直接以光束彼此干涉，而無法進行異地觀測。EHT 的實驗以散布在地表的望遠鏡構成干涉儀，d 相當於地球的直徑，因此即使在長波長觀測，也能獲得高解析力。

　　分析數據的時候，我們利用一種稱為「相位參考」（phase referencing）的方法，以ALMA的數據來修正其他望遠鏡所受到的大氣影響。在下圖中，可以看出原來的影像要是沒有用相位修正，計算出來的結果誤差大，而經過了很多數據處理的修正，誤差就減小很多。

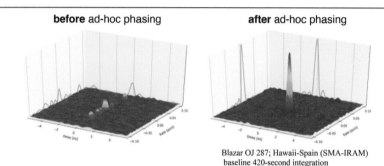

before ad-hoc phasing　　　　**after** ad-hoc phasing

Blazar OJ 287; Hawaii-Spain (SMA-IRAM)
baseline 420-second integration

Ad-hoc phasing with ALMA corrects for atmospheric fluctuations and allows for strong detections in short time intervals on very long baselines.

（左）無相位修正的結果；（右）經過相位修正後影像變得清晰。（圖片來源：賀曾樸院士提供）

　　當時有幾個不同的團隊，以各自的方法處理一樣的數據，在下圖可以看到這些結果跟模型相比，有的像個圓環、有的部份明亮、有的是個亮盤，有的則是兩個光點。經過比對，最接近觀測結果的，是個圓環但有部分比較明亮。

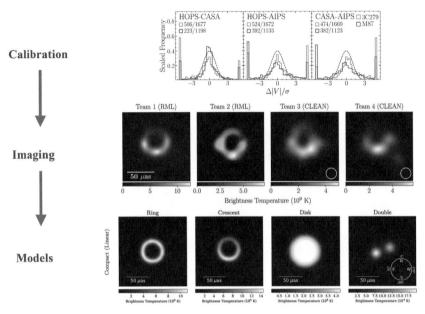

同樣的數據，不同團隊以不同方法分析，結果各異，最後討論後找出「最佳結果」。
（圖片來源：EHT團隊）

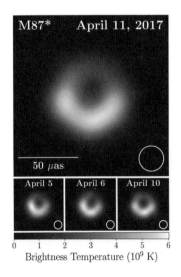

另一方面，我們也探討黑洞是否隨時間變化。在2017年我們花了三天進行觀測，每天觀測的影像都差不多，所以我們認為黑洞的亮度很穩定。M87的黑洞離我們非常遙遠，本身旋轉快速，但亮度卻是穩定的。

不同日期觀測到的M87黑洞影像，亮度變化不大。（圖片來源：EHT團隊）

　　所以黑洞的影像到底告訴我們什麼？最重要的是亮環近乎圓形，直徑差不多400AU。根據廣義相對論，這應該是事件視界的5倍大小。據此推算黑洞質量約為太陽質量的60億倍，跟我們之前的預測一樣。而從黑洞的亮度，也可以估算出黑洞的磁場強弱，以及有多少物質掉進黑洞。但最重要的是，黑洞亮環不對稱、底部稍微亮一點，這是由於黑洞自轉的都卜勒效應所造成，向著我們而來的部分，會比較明亮。這些現象表示吸積盤必須傾斜，雖然我們看不到黑洞自轉，但是可以推測黑洞自轉是指向遠離地球的方向。

位於星系中央的超大質量黑洞想像圖。代表黑洞的中心黑色區域極為緻密，發出強烈X射線，吸積了周圍物質，一部分在兩極產生噴流。（圖片來源：NASA/JPL-Caltech）

　　如何推測黑洞的自轉呢？遠離黑洞的東西姑且不論，但在黑洞旁邊的物質則被磁場拉著跟著黑洞轉動。由於M87的中心觀測到噴流，依照理論由黑洞周圍的吸積盤所噴發出來，而都卜勒效應則造

成向著我們而來的部分比較明亮。這表示要是黑洞自轉軸的方向垂直我們視線，那麼亮環上下應該差不多一樣明亮。如圖所示理論的預測，因為實際觀測到的影像顯示黑洞陰影的亮環下面比較亮，這表示自轉軸指向遠離我們的方向，也就是黑洞沿著順時鐘方向自轉。

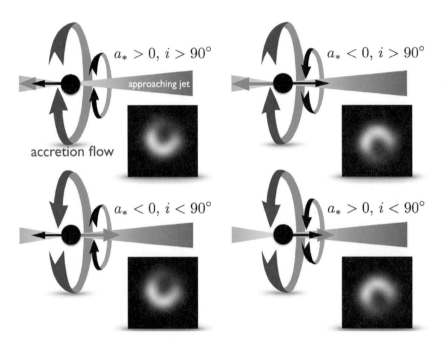

黑洞與環星盤轉動造成光環明亮不均的示意圖。黑洞自轉帶動周圍吸積盤轉動，由於已知此黑洞的噴流指向本圖右側，而都卜勒效應應該使得向著我們而來的部分比較明亮，因此可以推論黑洞的自轉方向乃遠離我們，也就是從地球觀看，黑洞以順時鐘方向自轉。圖中藍色箭頭代表吸積盤自轉，黑色箭頭表示黑洞自轉，i 是吸積盤自轉軸跟我們視線的夾角。（圖片來源：EHT團隊）

　　接下來讓我們看看銀河系中心的黑洞。顯示之前針對銀河系中心的研究，有很多磁場造成的絲狀結構。當觀測的解析力越來越好，有如影像不斷放大，越來越接近系中心，最後就是我們去年發表EHT看到SgrA*，又是個甜甜圈的樣子。這是什麼意思呢？

　　銀河系中心黑洞的陰影張角約50微角秒，這是一度的億分之一，相當於從地表看月球表面甜甜圈的大小，而這也跟黑洞離我們的距離，以及黑洞的質量計算出來的結果一致。銀河系中心SgrA*的質量比M87的黑洞質量少了約2,000倍，也就是直徑小了2,000倍，但是因為巧合，跟地球的距離也將近2,000倍，所以兩者在天空投影的張角卻差不多。人類看到的第二個黑洞，在我們銀河系中心，是離我們最近的超大質量黑洞。看上去結構跟第一次看到M87當中的黑洞差不多，看樣子圓圈陰影成了黑洞的標準形狀。

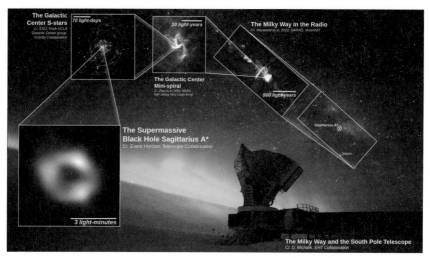

銀河系中心有大量絲狀結構的雲氣，尺度一直縮小，結構依舊複雜，最中央則是個超大質量黑洞。（圖片來源：EHT團隊）

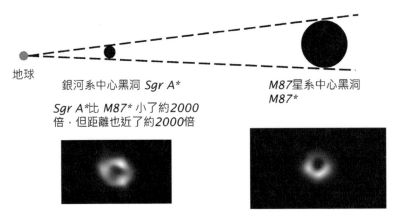

此圖未照比例繪製

地球

銀河系中心黑洞 *Sgr A**

M87星系中心黑洞 *M87**

*Sgr A**比 *M87** 小了約2000倍，但距離也近了約2000倍

Sgr A* 跟 *M87** 兩個黑洞陰影看起來張角大小差不多

M87中心以及銀河系中心黑洞的張角比較。（圖片來源:陳文屏編輯）

2020年諾貝爾物理學獎，頒給的成果是銀河系中心可能有個超大質量的緻密天體，意思是100AU之內有很多物質，但直到我們現在看到比這個尺度小了1,000倍的影像，經過跟理論模型比對，證實這是個黑洞。下圖是2022年發佈新聞報導時臺灣的團隊。

最後讓我總結，目前黑洞的研究關鍵在「角分辨力」。重力波的研究目前探討成對的緻密天體，例如兩顆中子星或黑洞合併成為更大的黑洞。可見光跟紅外波段則進行干涉觀測，探討事件視界附近的動力學，來檢驗廣義相對論。我現在的研究計畫是以「次毫米波甚長基線干涉術」觀測事件視界旁邊的結構與物理過程，以檢驗廣義相對論。我們在臺灣未來可以繼續扮演重要的角色。

2022年發現黑洞時發佈新聞報導的臺灣團隊。（圖片來源：賀曾樸院士提供）

對未來黑洞研究的期許

談談「看到」黑洞的歷史。我們中研院前天文與天文物理所魯國鏞所長在1985年首先提出銀河系中心應該有黑洞；1991年李太楓研究員推動中研院的天文發展，成立了籌備處；魯國鏞先生於1997年擔任第三任所長；2003年天文所完成SMA；2009年我們啟動VLBI計畫；2013年完成ALMA；2017年參加了Event Horizon Telescope實驗；2018年完成格陵蘭望遠鏡；2019年我們參與了首度取得黑洞影像的團隊。這是很漫長的一條路。2021、2022年又有了新的成果，讓黑洞影像越來越清晰，這些是在臺灣三十年的工作成果。

有關黑洞研究的下一步，是要做最大的望遠鏡。我們的格陵蘭望遠鏡將投入黑洞觀測，也是利用在夏威夷以及智利的望遠鏡得到更高的分辨力。格陵蘭望遠鏡計畫從2008年開始啟用，2016年將望遠鏡運至格陵蘭，先就近安置在空軍基地，2017年12月就開始觀測黑洞。目前望遠鏡安置的空軍基地位於海平面，但我們希望未來能安裝在鄰近山頂，可以讓性能大為提升。這個望遠鏡跟ALMA的天線同型，這樣能讓基線大為增長，大為提高ALMA的分辨能力。

格陵蘭望遠鏡目前有點名氣，訪客包括了例如奈爾・德葛拉司・泰森（Niel deGrasse Tyson）、丹麥首相、還有美國空軍部長暨史密松研究所委員。但是最有名的來賓可能是尼可拉・科斯特-瓦爾道（Nikolaj Coster-Waldau），他是影集《冰與火之歌：權力遊戲（Game of Thrones）》當中的傑米・蘭尼斯特（Jaime Lannister）。

Arrival in Greenland　07.16.16　!

Assembly of Antenna Mount　09.10.16

2016年將望遠鏡運至格陵蘭安置於空軍海平面的基地。（圖片來源：賀曾樸院士提供）

2017年格陵蘭望遠鏡啟動觀測。（圖片來源：賀曾樸院士提供）

格陵蘭望遠鏡多位名人參訪。（圖片來源：賀曾樸院士提供）

　　接下來的規劃，是希望將望遠鏡搬上格陵蘭山頂，並將目前僅僅9個畫數的影像，能將偵測器升級為225個畫數，大大增強分辨力。在增加了畫數，又有了更好的分辨力，就可以看到更多細節，甚至可能觀測到仙女座星系中央的黑洞，而這是目前的望遠鏡所無法達成的。

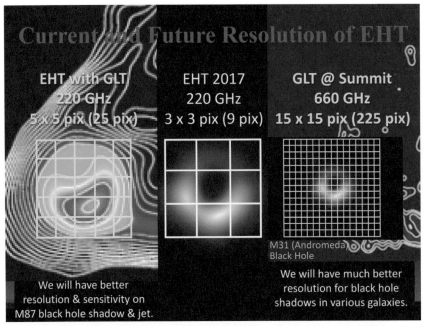

未來規劃偵測高畫數以期有更好的分辨力能觀測黑洞。（圖片來源：EHT團隊）

　　追求學術卓越的背後故事為何呢？科學在於瞭解未知，需要開發新技術，需要高度精確的測量來檢驗物理定律，例如不斷提升偵測的靈敏度與分辨力。臺灣能否走在技術的前緣？怎麼樣找最好的問題？答案是找最好的人才。那怎麼找最好的人才？就是進行最前緣的課題。至於怎麼樣找錢，我們需要Godfather。怎麼樣去找最好的研究方向？這需要新的思維，不要做老的東西，要做新的東西。怎麼樣能成功？要堅持。所以我們的指導準則是，未來一定會更好，這是為什麼下一步需要年輕人參加。

Science must be led from the Top

ALMA計畫的臺灣研究團隊。（圖片來源：賀曾樸院士提供）

　　以臺灣來說，當然在科學方面需要領導力。例如吳大猷院士推動天文研究，李遠哲院士、翁啟惠院士、廖俊智院士、吳茂昆院士、徐遐生院士等等接續其力。這張照片顯示了ALMA計畫當中的臺灣國旗，這是臺灣的研究團隊。當年的年輕人，長期工作了三十年，如今已經不再年輕了。這位是陳明堂博士，做次毫米波接收機研究，也是臺灣做黑洞研究的年輕人，他寫了一本關於黑洞的書，叫《黑洞捕手》，是一本值得推薦的好書。

　　科學研究來自團隊合作，我自己從參加甜甜圈研討小組開始，

結果五十年之後我還是在做「甜甜圈」研究，當然是另外一種。

所以再回到我第一張投影片，我覺得在科學方面我們要專注在尖端領域，而眼光要放遠，有毅力地追求真理，追求光明的未來。

陳明堂研究員出版《黑洞捕手》，說明臺灣參與史上第一次發現黑洞照片的故事。（圖片來源：賀曾樸院士提供）

〈最後的下午茶〉 龍應台

……

我看見……
我看見一個文風鬱鬱的江南所培養出來的才子，我看見一個只有大動盪大亂世才孕育得出來的打不倒的鬥士，我看見一個中國知識分子的當代典型 —— 他的背脊直，他的眼光遠，他的胸襟大，他的感情深重而執著，因為他相信，真的相信： 士，不可以不弘毅。
我看見一個高大光明的人格。

i saw...
I saw a talented man cultivated by Jiangnan with a rich literary style, I saw an invincible fighter who could only be bred in a turbulent world, I saw a contemporary model of Chinese intellectual — his back is straight, his vision is far-sighted, his mind is big, and his feelings are deep and persistent, because he believes, really believes: a scholar, you must have strong conviction. I saw a tall and bright personality.

We too must go forward with big vision, and strong will, and seek the bright future.

（圖片來源：賀曾樸院士提供）

【對談】

First Direct Image of a
Black Hole
史上首張直接觀測到的
黑洞影像

賀曾樸・葉永烜

葉永烜：我很謝謝賀院士今日的講座，賀院士在演講開頭與結束的時候都用龍應台說的話，龍應台寫的短文中最後一句話，她寫說她看到一個高明偉大的人格，尤其在今天這樣的余紀忠講座特別具有意義。剛剛賀院士說中央研究院花了三十年去做了全世界最大的望遠鏡，能夠觀測得最遠最遠的星星，用這個來證明科學的原則。但是我想說，我們在鹿林天文臺也做了三十年耶，可是我們沒有這麼多錢，而且我們的望遠鏡很小。我們過去三十年用我們這個小小的望遠鏡看很近很近的星星，發現了多顆小行星。並用以命名對臺灣和世界有重要正面影響的人物。也是說在找尋宇宙中最寶貴的，就是像余紀忠先生一樣具有光明正大人格的人，用這個來證明做人的原則。

現在邀請臺下的聽眾針對今天的講座提出問題，我想先拋磚引玉先提一個問題，黑洞有很多種，賀院士現在發現到目前有最大的兩個黑洞，那剛剛不能說的是發現了第三個黑洞嗎？

賀曾樸：不是發現了第三個黑洞，而是現在正再次研究M87黑洞，但是我們這次做的實驗，一部分是解析度更好些，一部分是波長更長，可以探測天體其他性質，例如看到黑洞的噴流，跟黑洞交互影響。這篇文章正準備發表於《Nature》，探討噴流如何噴發出來?跟黑洞如何互動?這是我們的下一步研究。

葉永烜：這個文章正準備發表於《Nature》嗎？這個不能說但是你還是講了，所以拜託各位老師同學走出去之後不要跟別人說。

賀曾樸：已經講的太多了。

葉永烜：那麼另外再提一個問題，有很小很小的黑洞嗎，最小的黑洞是多少AU？

賀曾樸：最小的黑洞差不多是約太陽一倍到兩倍的質量，這種黑洞很小，以前我們看過兩顆星星繞在一起，其中一顆可能是黑洞，另一顆則可能是中子星，我們可以透過X射線看到他們轉的時候怎麼運作，例如觀測，但因為這些黑洞非常小，我們沒辦法看到它們的事件視界（event horizon），就算距離地球很近也沒辦法看到，因為比我們這裡講的超大質量黑洞小了超過百萬倍，以目前的望遠鏡還沒辦法觀測到。

葉永烜：所以現在很大的黑洞是由很小的數個黑洞組成的嗎？還是它一開始就很大？

賀曾樸：這個我們目前還無法斷定，它們看上去像是在早期的宇宙就已經存在了，但是為什麼以前就有這樣的黑洞，我們並不清楚，但猜想星系裡面這種很大的黑洞肯定不是一點點組合起來的。可能星系形成時，就存在了，是似乎宇宙形成初期的產物，但現在不仍是個謎。

葉永烜：所以研究黑洞也連帶的告訴了我們過去黑洞的歷史。接下來各位來賓是否有提問？

蔣偉寧（財團法人中大學術基金會董事長）：賀院士您好，非常感謝您今天給了一個非常精彩的演講，您剛才提到現在發現了兩個黑洞，這兩個黑洞大概多大呢?可以告訴我們嗎？

賀曾樸：這兩個黑洞的大小差了2,000倍，一個在M87星系的中央，質量是60億個太陽，另一個則在我們銀河系的中央，質量相當於3百萬個太陽。

蔣偉寧：對，可是它的大小為何？

賀曾樸：大小比M87小2,000倍，質量也是小2,000倍。

蔣偉寧：那實際是多大呢？

賀曾樸：M87當中的黑洞差不多是130個AU（天文單位）。比M87距地球近了2,000倍的SgrA*，其黑洞大小差不多是半個AU。

蔣偉寧：剛才也聽您提到看到重力波，那麼重力波是個穩態的波還是非穩態的波？

賀曾樸：重力波是一種在空間中傳遞的波動，我們觀測到的部份，頻率約100赫茲（GHz），這是是我們可以聽得到的頻率範圍，相當低低沉的鈴聲，而這鈴聲後來增加到200赫茲，然後再逐漸變弱。

蔣偉寧：所以你是用傅立葉（Fourier）理論的角度去看頻率（Frequency)的嗎?我們有一個中央研究院黃鍔院士他是用「希爾伯特-黃轉換」（Hilbert-Huang Transform）去看，你是用傅立葉的角度去分析頻率的嗎？

賀曾樸：對，所以研究重力波需要聽這個東西，這頻率是100赫茲。所以這個「聽」有兩個層面，一個是這個maser and laser，一個是這個鏡面鏈結（原文bonds between a mirror），這個mirror一定是200赫茲，所以這個低的頻率要怎麼聽到呢?我們需要一個機械運動（原文mechanical movement），我們需要聽到這個頻率非常低，我們現在的這種頻率是100千兆赫茲（GHZ），它頻率非常高。

蔣偉寧：我再次提問，我年輕時聽到全世界只有三個半的人懂相對論，請問您可以用比較科普的角度或是比較簡單的角度向我們解說怎樣用相對論來理解這件事情嗎？

賀曾樸：人是生物體，是物質構成，所以會被地球吸住，但是光是非物質，所以要怎麼與重力交互作用呢?所以愛因斯坦裡論說重力影響了物質的幾何，光隨著空間的幾何掉進黑洞被扭曲，結果無法逃出黑洞，因為光的能量有限而無法從黑洞中逃出，因此我們了解在黑洞中需要有無限的重力才能跑出。

蔣偉寧：謝謝，希望您看到的黑洞（Black Hole）以後我們會

叫做黑色甜甜圈（black donuts）是嗎？因為它的形狀是甜甜圈形狀，我也很企盼我們幾年後看到說不定您有機會得諾貝爾獎，我們在這先恭喜您。

李光華（國立中央大學化學系教授）：請問賀院士，黑洞是不是固體?它的組成是甚麼？

賀曾樸：這是個困難的問題，我們沒辦法抓到黑洞裡面的東西，裡面是真的固體、液體或空氣等等很難說，但是我們覺得這個黑洞應該會變成引力奇點（singularity）。但問題是它的引力奇點能維持多久?要是它一個很小的黑洞，到引力奇點是時間非常短，但要是它是很大的黑洞，要跨越它的邊界可能需要非常長的時間，因此要視黑洞的大小而定。我剛剛說可能我們的宇宙就是個黑洞，這個黑洞很大，密度很低我們在其中，也沒有覺得特別。

葉永烜：很謝謝賀院士與中央研究院天文所，讓臺灣站在光學天文學的最前緣，我也可以說你們現在蓋的天文臺是在格陵蘭的最北邊，是目前全世界最北的天文臺，那有打算在最南極的地方也蓋一個嗎？

賀曾樸：不會吧。

葉永烜：希望中央研究院再接再厲，把臺灣帶上天文學研究的最高峯。

賀曾樸：希望大家在天文方面持續培養我們的未來人才。

葉永烜：黑洞是在研究宇宙的過去但也帶給我們未來，像剛剛有提到的很多得諾貝爾獎的學家，帶動了很多很多的應用，也對社會帶來很大的貢獻，另一方面基礎研究很重要，但眼光也不要只放在產業界，而是互相協助共同進步。還有想要跟各位同學說的嗎？

賀曾樸：我沒有說自己的故事，我只是個普通人，從香港移民至美國。我年輕的時候，最重要的是把握住能發揮的機會，並有研究的興趣，另外還要有身旁人的幫助，需要很好的環境支援，而大學則提供這個良好的環境。所以大家需要的就是有興趣並且努力去做，這些其實沒有甚麼特別，但就是需要大家的努力、很好的環境支持、把握很好的機會。在臺灣，科學是我們的未來，希望你們參加也希望臺灣持續的推動科學研究。

葉永烜：中央大學天文所和中央研究院天文所長久以來都良好的合作，希望以後可以繼續保持，未來三十年亦是如此，讓我們再次感謝賀院士今日精彩的演講。

【回應一】

出乎意料又合情合理

卜宏毅（國立臺灣師範大學物理系助理教授）

謝謝國立中央大學出版中心的邀約，邀請我對賀曾樸院士於「余紀忠講座」的演講〈史上首張直接觀測到的黑洞影像〉作一回應。

　　隨著自2016年公布成功偵測到重力波，以及2019年公布第一張黑洞影像，我們幸運地見證了強重力場黑洞天文物理的來臨。與其說是「意料之外」，這個黑洞研究的新時代比較具有「水到渠成」之感。為什麼呢？在此回應中，我根據個人參與格陵蘭望遠鏡團隊以及事件視界望遠鏡團隊的經歷以及研究經驗，分享與探討第一張黑洞影像當時的時空背景：究竟累積了多少的涓涓源水，才造就了水到渠成？

　　根據牛頓在1687年發表的重力理論，黑洞的概念的牛頓版本遠在1783年被提出：當物體小到某種程度時（或是足夠緻密時），脫離速度會等於光速。然而，至今天文學家對黑洞的理解，是根據1915年愛因斯坦所提出的廣義相對論而來：黑洞是個時空結構，而非當初牛頓版本所描述的一個「物體」。這兩者最大的區別是身為時空結構的黑洞，並沒有一個像物體般可以摸得到的表面，而是一個用「光」所定義的虛擬邊界，稱作「事件視界」。根據廣義相對論，黑洞能具有這樣的奇怪特性是因為其所有的質量被壓縮成無限小，且密度無限大的一個「奇異點」。而事件視界就是包圍住奇異點，因為時空彎曲所形成的時空結構。講座的問答時間有聽眾提問黑洞是否是固體，其實任何物質掉入黑洞的事件視界並成為奇異點的一部份後，廣義相對論是沒有辦法寫下奇異點的狀態方程式進而區分奇異點的「狀態」的。

　　黑洞是廣義相對論「允許」的各式各樣的時空結構之一，但為

什麼天文學家似乎只對黑洞這樣的時空結構情有獨鍾呢？當黑洞（當時不這樣稱呼）的概念在1916年發現時，並沒有得到大家普遍的重視。直待六〇年代天文學家發現有類奇怪的天體（稱為「類星體」），明明距離地球很遠卻能明亮的被我們所看到，才恍然大悟黑洞如果真的存在於宇宙中，就可以輕而易舉的具有這樣的特性。從此以後與黑洞相關的各種天文物理，例如黑洞周圍被重力所束縛的吸積流，從黑洞附近逃逸的高速噴流等等，開始蓬勃的發展。藉由這些黑洞系統的「特性」，越來越多的天體被「認證」為黑洞，天文學家也普遍接受了黑洞的存在。天文學家並進一步將黑洞根據質量分成恆星級質量（數十至數百個太陽質量）的黑洞，以及超大質量（約數百萬至數十億太陽質量）黑洞。前者可以由大質量恆星演化而來且散佈於星系的不同位置，後者則位於星系的中心，並有著天文學家尚未清楚了解的形成過程。

在2019年4月10日所公布的史上首張直接觀測到的黑洞影像的主角，是位於M87星系中心，具有六十五億個太陽質量的超大質量黑洞，也是觀測到M87星系噴流的源頭（該黑洞噴流的尺度比星系本身還要大）。這張黑洞影像是根據分析2017年4月的而得到。以下我們回顧一下這張影像能「水到渠成」需要那些要素：

對的天體選擇

根據廣義相對論，對於已知黑洞系統的質量M，我們可以算出黑洞的事件視界大小為$2GM/c^2$，其中G為重力常數，c為光速。根據廣義相對論，黑洞捕捉光子的截面積直徑約為$10GM/c^2$。根據已

知黑洞系統的質量和距離，在天空中張角最大的黑洞系統為銀河系中心的黑洞以及位於M87星系中心的黑洞，皆為約40-50微角秒（1角度=3,600角秒）。此兩個黑洞系統因此為事件視界望遠鏡觀測黑洞影像的首要目標。

對的觀測頻率

已知上述兩個黑洞系統的黑洞質量，再根據的該系統的亮度和光譜特徵，我們可以反推出黑洞系統的吸積率（黑洞捕捉吸積物質的速率越大，則越明亮），並推論出此兩個黑洞系統周圍的電漿物質呈現低吸積率的狀態。電漿物質中的電子高速繞行當地磁場而發出同步輻射。根據同步輻射的特性，我們可以推論大約觀測頻率約為230赫茲（GHz）（波長1.3mm；該波段為電波波段）或更高的波段，黑洞系統的電漿物質將呈現透明狀，而有機會觀測到黑洞的身影。

對的望遠鏡口徑

要在約230GHz達到約50微角秒的角解析度，所需要的電波望遠鏡口徑約為地球大小。事件視界望遠鏡團隊利用聯合位於地球上南北半球不同地方的電波望遠鏡共同觀測且成員望遠鏡數量足夠多時，就可以達到一個像地球那麼大的電波望遠鏡效果。在2017年的觀測，共有六個不同地理位置的八座望遠鏡加入觀測行列。臺灣在八座望遠鏡中，參與了三個電波望遠鏡的運作或建造。在2017年前

的2009-2012年間，當時初期的團隊已經對M87星系中心的超大質量黑洞進行過觀測，初步驗證了觀測結果（當時因為成員望遠鏡數量不夠多且分布不夠廣，而未能成像）與黑洞影像的理論預測相符。

對的技術與測試

利用孔徑合成的技術，結合數個電波望遠鏡並利用干涉儀技術觀測天體已經是電波天文學的基本方法。事件視界望遠鏡利用特長基線干涉儀（Very-long-baseline interferometry, VLBI）的方式讓分布於定理位置的電波望遠鏡觀測資料紀錄後再聯合處理，使得這些成員望遠鏡不需要有硬體設備相連接，也可以達到合作觀測的目的。

對的觀測天氣

好的觀測數據仰賴每個成員望遠鏡當地的成功觀測。在2017年，對M87星系中心的黑洞觀測共有四天。很幸運的，在觀測期間各成員望遠鏡的當地觀測條件都很不錯，得到了品質很好的觀測資料。

對的人

事件視界望遠鏡團隊在2017-2019年當時成員約有二百多人，來自約二十個不同國家的成員包括工程師，觀測與理論天文學家

等。在團隊內分成不同的工作小組，包過數據處理，影像分析，理論模擬，特徵分析等。在2019年4月10日公布的首張黑洞影像的同時，團隊也發表了六篇相關論文，包含首張黑洞影像背後的觀測與數據分析細節，到理論理解。這些工作仰賴團隊成員們在各自專業的堅持以及互相合作，終於在極高的壓力下完成了這一系列工作。這些成員包括在相關領域的資深專家，年輕的博士後，博士班學生等。臺灣相關的成員在不同工作小組擔任協調員或是組員，在望遠鏡運作，影像分析，理論模擬各方面皆有重要貢獻。

對的理論方向

　　第一張黑洞影像果然和我們對黑洞的理解相符合！然而，雖是合情合理又出乎意料。在觀測M87中心的黑洞之前，如前面所介紹，天文學家已經可以用光譜，噴流方向等特性來推論黑洞系統的「規格」。例如，根據平行於噴流的方向，我們可以猜測出黑洞的旋轉軸方向。黑洞的旋轉以及其周圍發光物質（如吸積流或噴流）旋轉的方向會因為都卜勒效應讓影像的一側較為明亮（發光物質向地球迎面而來）而另一側較為黯淡（發光物質向地球遠離而去）。直接觀測的黑洞影像有如甜甜圈的形狀，為什麼呢？這是因為黑洞捕捉光子的截面積幾乎是圓形所造成的──這個圓形就是黑洞甜甜圈中央陰影的部分。有趣的是，黑洞的影像其實是黑洞周圍發光物質（如吸積流或噴流）所烘托出來的身影，也因此和這些發光物質的分布與狀態有關。對於事件視界望遠鏡團隊所公布的第一張黑洞影像（2019年公布的M87星系中心的黑洞影像）以及第二張黑洞影

像（2022年公布的銀河系中心黑洞影像）來說，這些黑洞系統周圍都由吸積率很低的電漿物質包圍，因此呈現出和電影《星際效應》中（電影中假設吸積物質都分布在同一個平面上的情況）不一樣的黑洞影像。換句話說，黑洞影像也透露出這些發光物質的分布狀態。在看見第一張黑洞影像之前，人們對M87星系中心黑洞周圍的輻射究竟是吸積流貢獻的多還是噴流貢獻的多有不同的猜想，例如黑洞影像也有可能伴隨著一個明亮且延伸的噴流結構等等。而M87像甜甜圈的黑洞影像說明了，在觀測波段烘托出黑洞身影的輻射無論如何是由靠近黑洞周圍的環境而來（否則影像中則會有其他明顯的特徵）。黑洞影像不但呈現了人們對黑洞時空結構的驗證，也透露出在強重力場中黑洞系統的細節。事件視界望遠鏡團隊也透過大量模擬以及和觀測的比較，驗證出甜甜圈較為明亮的那一側是因為黑洞周圍時空旋轉所造成的都卜勒效應所致。我們居然可以根據廣義相對論對黑洞的描述以及天文物理對黑洞環境和輻射機制的理解，理論模擬出與觀測到的黑洞影像相似的結果：我們對黑洞的想樣應該與實際並沒有差得太多！

　　賀曾樸院士目前為東亞天文臺臺長，並曾先後擔任中研院天文所籌備處主任及所長十年。賀院士對促成格陵蘭望遠鏡計畫以及臺灣加入事件視界望遠鏡計畫扮演重要的角色。如賀院士在演講中提到，中研院天文所所主導的「格陵蘭望遠鏡在2018年後也加入了事件視界望遠鏡觀測的行列，帶來對M87星系中心黑洞更清晰的觀測」。隨著強重力場黑洞天文物理的來臨，也期待在臺灣對黑洞天文物理有興趣的年輕一代，有更多的機會以及更好的環境，在浩瀚宇宙中繼續這迷人的旅程。

延伸參考資料：

　　事件視界望遠鏡對史上首張直接觀測的黑洞影像所發表的論
文：

　　ps://iopscience.iop.org/journal/2041-8205/page/Focus_on_EHT

　　中研院天文所網站：黑洞問與答
　　https://sites.google.com/asiaa.sinica.edu.tw/eht-faqs/

　　中研院天文所網站：十問「格陵蘭」
　　https://sites.google.com/asiaa.sinica.edu.tw/gltfaqs/

【回應二】

黑洞與重力的表裡相應
由賀曾樸院士於中央大學余紀忠講座之演講〈史上首張直接觀測到的黑洞影像〉談起

游輝樟（國立成功大學物理系教授）

愛因斯坦在1905年提出狹義相對論，十年後又提出了廣義相對論，改變了科學界對時間與空間的認知。廣義相對論所討論的，是自然界中的重力，又稱萬有引力，是人類以為熟知卻實則陌生的作用力。牛頓的萬有引力公式，再加上他所提出的三大運動定律，構成了牛頓力學的體系，主導科學界對物理的認知多年。直到愛因斯坦發表相對論後，物理界才又在基本理論上向前跨出一大步。

　　廣義相對論的理論基礎，來自名為「等效原理」的基本概念，即當物體在自由墜落時它便感受不到自己的重量。自由墜落是一個加速的運動狀態，然而物體的重量卻是重力作用的結果，因此，等效原理顯示了此二物理現象間的關聯性。完整的重力理論須包含兩個部分：一是需要知道物質如何產生重力場；二是重力場是如何作用在物體上，因而改變物體的運動狀態。愛因斯坦與大數學家希爾伯特在1915年間藉由變分法推導出著名的愛因斯坦重力場方程式。

　　然而物理是實驗的科學，再天才美好的理論也必須要通過嚴謹的驗證才能被科學界認同。廣義相對論預言光線偏折效應，即光線在經過太陽時會受到它的重力作用影響，而產生一定角度的偏折。1919年時英國天文物理學家愛丁頓及其團隊所觀測日蝕時靠近太陽附近之遠方恆星所發出的光線，用來測量恆星位置因光線偏折所產生的變化。其觀測資料分析的結果符合了愛因斯坦廣義相對論的預測，也因此把愛因斯坦迅速地被推上了科學神壇。

　　廣義相對論已經誕生一世紀，物理學界也從各方面去驗證其正確性，相關的有名實驗即觀測如水星的進動，光線偏折（即重力透鏡現象），時間延遲與重力紅位移等太陽系內的弱場下的實驗觀測。它也延伸出的許多有趣課題，例如重力波與黑洞的預測等，能

幫助我們更深入地理解自然界的奧祕。愛因斯坦從其廣義相對論的方程式中得出得出重力波的存在，就如同電荷的加速會輻射出電磁波，質量的加速也會輻射出重力波。這兩種截然不同類型的波，同樣以光速傳遞能量、動量、與角動量，這也意味著重力的傳播需要時間，而並非像牛頓古典重力般可以即時傳遞。直接測量重力波是對重力理論的一項很重要的驗證，進一步確認理論的正確。當然重力波也提供人類一扇新的窗口來認識宇宙。另外廣義相對論預測當某區域範圍的能量密度（或質量密度）足夠大時，其時空的彎曲程度可以大到連該區域之速度最快的光波都無法逃離，從而無法被觀測到而形成黑洞。黑洞與（可觀測的）重力波基本上都屬於強重力場的範圍，只能往宇宙深處尋找。

　　賀院士在演講中有提到了數種觀測黑洞與重力波的方法，在此可以略為延伸一二。上世紀的拉塞爾・赫爾斯（Russell Hulse）和約瑟夫・泰勒（Joseph Taylor）發現雙脈沖星PSR1913+16，此雙星為兩個正在互相旋入的中子星，並發現其旋入的速率與廣義相對論中的重力輻射所產生的反作用效應之預測完全相符。所觀測到的軌道可以被用來計算此軌道之能量轉換成重力波輻射出去的速率，再藉由此能量損失的速率我們可以計算軌道旋入的速率。所計算出的速率與觀測到的速率相當一致，其誤差不到百分之一。這算是間接地觀測重力輻射效應。他們也因此項研究結果而獲得1993年的諾貝爾獎。早期天文觀測用星系中心附近星體的軌道來推算中心質量的大小。中研院天文所故所長魯國鏞院士曾觀測銀河系中心的邁射（maser）而推測其中心有大質量的黑洞，並由此啟始了以此方法對星系中心大質量黑洞的研究興趣。美國建造的兩座重力波偵測

站LIGO在2015年首先偵測到遙遠宇宙所傳來由兩個黑洞互繞融合而產生的重力波訊號，萊納・魏斯（Rainer Weiss）、基普・索恩（Kip Thorne）與巴里・巴利許（Barry Barish）也因此獲得2017年的諾貝爾獎。目前有另外兩座偵測站（VIRGO, KAGRA）加入測量的網路，偵測到的重力波事件也超過百例。目前第四次的觀測O4已經開始，在儀器精度提昇的狀況下，預期可以偵測到數百甚至上千的案例。印度正在複製一座LIGO，而歐洲也在規劃下一代的重力波偵測器Einstein Telescope。另外有三個打算放在太空軌道的觀測站，歐洲的eLISA、中國大陸的「太極」與「天琴」正在如火如荼的建造。由賀院士率領臺灣團隊加入的「事件視界望遠鏡計畫」2019年發布了M87星系中心的黑洞視界影像。這算是科學界第一次「看見」黑洞。又在2022年公佈銀河系中心的黑洞視界影像。然而如果嚴格來說，這些影像看到的應該是黑洞的「最內側穩定軌道」（ISCO），其大小是黑洞半徑的1.5-3倍，真實數值取決於黑洞自轉程度與圍繞物質的質量。所以中心黑洞的大小應該是比看到的影像更小。這種觀測的困難度是可以想像的。主要是因為黑洞雖然不發光，但是它強大的重力吸引周遭物質蜂擁而來，就會在其附近互相摩擦生熱發光。但這種熱力發光的電磁頻譜分佈雜亂，肉眼看去只看到一團發光區域。所以原則上得借助高級濾波技術才能穿過層層干擾而看到中心的情況。所以這也多少限制了此種電磁波觀測只能用於有吸積盤的超大質量的黑洞。

　　就在筆者書寫此文時，北美奈赫茲重力波觀測站（NanoGrav）發布了其十五年觀測資料宣稱偵測到超低頻的重力波訊號。這種偵測法是觀測多個中子星所發出的電磁脈沖訊號的頻率變化來偵測低

頻重力波。一般認為脈沖星的電磁訊號很規律，但若有低頻的重力波經過其路徑，時空會隨之變化，使得到達地球的電磁波頻率也會因此變化。這種藉由電磁波特性變化來間接測量重力波的方法通稱為「脈沖星計時陣列」（Pulsar Timing Array, PTA）。這種低頻重力波能大到明顯影響這麼大片的時空也只能是星系尺度之質量的運動造成的，甚至可以臆想一下此種重力波與未知暗物質可能的關係。

　　總之，在宇宙這個超大實驗室中，人類嘗試去了解由物質能量與黑洞所產生的時空變化與重力波，更有野心與技術利用黑洞與重力波當工具來進一步了解這個宇宙，期待有志之士能參與此間行列，讓人類探索宇宙的志業能持續光大。

附　錄　一　賀曾樸院士著作目錄

1. **Astronomy in Taiwan in 2014**, Ho, P.T.P., at *Cross-Strait Astrophysics Symposium*, Taipei, Taiwan (June 2014).

2. **EACOA Report on ASIAA in 2014,** Ho, P.T.P., at *8th East Asian Core Observatories Association Meeting*, Daejong, Korea (August, 2014).

3. **Aspirations for East Asian Astronomy**, Ho, P.T.P., at *APRIM 2014, 12th Asia-Pacific Regional IAU Meeting*, Daejong, Korea (August, 2014).

4. **10 Years of SMA Research**, Ho, P.T.P., at *31st URSI General Assembly and Scientific Symposium*, Beijing, China (August, 2014).

5. **Future of East Asian Observator**y, Ho, P.T.P., at the *JCMT Workshop*, Tokyo,　Japan(September, 2014).

6. **Future of JCMT Operations**, Ho, P.T.P., at the *UK JCMT Workshop*, London, United Kingdom (September, 2014).

7. **The Greenland Telescope Project**, Ho, P.T.P., at the DARK Cosmology Centre, Copenhagen,Denmark (October, 2014).

8. **Origins of Everything: Precision Astrophysics**, Ho, P.T.P., at *37th New England Association of Chinese Professionals*, Cambridge,

Massachusetts (November, 2014).

9. **Future of the East Asian Observatory**, Ho, P.T.P., at the *6th South East Asian Astronomy Net Meeting*, Manila, Philippines (December, 2014).

10. **Research at ASIAA and Status of the EAO**, Ho, P.T.P., at the Korea Astronomy and Space Science Institute, Daejeon, Korea (January, 2015).

11. **The ALMA-Taiwan Project**, Ho, P.T.P., at the *2015 Annual Meeting of the Physics Society of Republic of China*, National Tsing Hua University, Hsinchu, Taiwan (January, 2015).

12. **Aspirations for East Asia: Future of EAO**, Ho, P.T.P., at the *2015 Subaru Users Meeting, at the National Astronomical Observatory of Japan*, Tokyo, Japan (January, 2015).

13. **Aspirations for East Asia: Future of EAO**, Ho, P.T.P., at the *2015 Astronomical Society of Japan Meeting*, Osaka, Japan (March, 2015).

14. **Submillimeter Wavelength Astronomy**, Ho, P.T.P., at the Ohio State University, Columbus, Ohio (May, 2015).

15. **Research at ASIAA and the Greenland Telescope**, Ho, P.T.P., at the Observatoire de Paris, Paris, France (July, 2015).

16. **The Greenland Telescope Project**, Ho, P.T.P., at the Purple Mountain Observatory, Nanjing, China (July 2015).

17. **SMA in the ALMA Era**, Ho, P.T.P., at the Nanjing University, Nanjing, China (July 2015).

18. **The East Asian Observatory**, Ho, P.T.P., at the *IAU General Assembly*, Honolulu, Hawaii(August, 2015).

19. **The Greenland Telescope Project**, Ho, P.T.P., at the Korea Astronomy and Space Science Institute, Daejeon, Korea (October, 2015).

20. **East Asian Observatory, a Joint Dream**, Ho, P.T.P. at the Korean Astronomical Society Meeting, Daemyung, Korea (October, 2015).

21. **The Greenland Telescope Project**, Ho, P.T.P., at the *GLT Workshop*, Denmark Technical University, Lyngby, Denmark (November, 2015).

22. **The James Clerk Maxwell Telescope and the Radio Universe**, Ho, P.T.P., at *Keck Fund Raising Event*, Waimea, Hawaii (March, 2016).

23. **The East Asian Observatory**, Ho, P.T.P., at the *2016 ASROC Meeting*, NCKU, Tainan, Taiwan (May 2016).

24. **The Greenland Telescope Project**, Ho, P.T.P., at the *M87 Workshop*, ASIAA, Taipei, Taiwan(June 2016).

25. **Summary Talk at Meeting on Star Formation in Different Environments**, Ho, P.T.P., at the *Star Formation in Different Environments Meeting*, Quy Nhon, Vietnam (August 2016).

26. **Growth of Astronomy in Taiwan**, Ho, P.T.P., at the *Vietnam Astro Workshop*, Quy Nhon, Vietnam (August 2016).

27. **Status of the James Clerk Maxwell Telescope**, Ho, P.T.P., at the *Cardiff JCMT Workshop*, Cardiff University, Cardiff, United

Kingdom (September, 2016).

28. **Status of the East Asian Observatory**, Ho, P.T.P., at the *10th East Asian Meeting on Astronomy (EAMA10)*, Seoul, Korea (September 2016).

29. **Summary Talk at EAMA10**, Ho, P.T.P., at the *10th East Asian Meeting on Astronomy (EAMA10)*, Seoul, Korea (September 2016).

30. **SMA in the ALMA Era: EAO Access to SMA Starting in 2017**, Ho, P.T.P., at the Korea Astronomy and Space Science Institute, Daejeon, Korea (November, 2016).

31. **History of ALMA-Taiwan**, Ho, P.T.P., at the *ALMA Band 1 Science Workshop*, ASIAA, Taipei, Taiwan (January 2017).

32. **The Greenland Telescope Project**, Ho, P.T.P., at the Purple Mountain Observatory, Nanjing, China (April 2017).

33. **ALMA: into the Future**, Ho, P.T.P., at the Korea Astronomy and Space Science Institute, Daejeon, Korea (April, 2017).

34. **Role of Asia in World Wide Astronomy**, Ho, P.T.P. at the *Perspectives on O/IR Astronomy in the Mid-2020s, a Workshop for JSPS "Science in Japan" Forum*, Washington DC (June 2017).

35. **EACOA/EAO/JCMT Status**, Ho, P.T.P., at the *Cross-Strait Symposium of Astrophysics*, ASIAA, Taipei, Taiwan (July 2017).

36. **Status of East Asian Observatory: Progress from 2015-2017**, Ho, P.T.P., at the *APRIM 2017, 13th Asia-Pacific Regional IAU Meeting*, Taipei, Taiwan (July, 2017).

37. **Pushing the Astronomical Frontier in East Asia**, Ho, P.T.P., at the

koenigstuhl Colloquium, MPIA, Heidelberg, Germany (July 2017).

38. **Status of East Asian Observatory: Progress from 2015-2017**, Ho, P.T.P., at the *Chinese Astronomical Society Meeting*, Urumqi, China (August, 2017).

39. **Status of East Asian Observatory: Progress from 2015-2017**, Ho, P.T.P., at the Max Planck Institute for Radio Astronomy, Bonn, Germany (October, 2017).

40. **Science Drivers for Next Generation Submillimeter/millimeter Instrumentation**, Ho, P.T.P., at the *19th East Asia Sub-millimeter-wave Receiver Technology Workshop*, Taipei, Taiwan (November 2017).

41. **Development of Astronomy in Taiwan**, Ho, P.T.P., at the *Space Science and Technology Conference at the International University - Vietnam National University at Ho Chi Minh City*, Vietnam (December 2017).

42. **East Asian Astronomy and the East Asian Observatory,** Ho, P.T.P., at the University of Malaya, Kuala Lumpur, Malaysia (July 2018).

43. **Astrophysics in Asia**, Ho, P.T.P., and N.D. Pham, at The *Cosmic Cycle of Dust and Gas in the Galaxy: From Old to Young Stars*, Quy Nhon, Vietnam (July 2018).

44. **Development of Astronomy in Taiwan**, Ho, P.T.P., at the Vietnam National Space Center, Hanoi, Vietnam (August 2018).

45. **Astrophysics in Asia and the East Asian Observatory**, Ho, P.T.P.,

at the *Windows on the Universe*, Quy Nhon, Vietnam (August 2018).

46. **Status of the East Asian Observatory: Progress 2015-2018**, Ho, P.T.P., at the Shanghai Astrophysical Observatory, Shanghai, China (September 2018).

47. **Status of the East Asian Observatory: Progress 2015-2018**, Ho, P.T.P., at the *10th South East Asian Astronomy Net Meeting*, Lampung, Indonesia (October 2018).

48. **Status of the East Asian Observatory: Progress 2015-2018**, Ho, P.T.P., at the National Astronomical Observatories, Chinese Academy of Sciences, Beijing, China (November 2018).

49. **Observational Cosmology in Taiwan: Pauchy's Imprint on Taiwan Astrophysics**, Ho, P.T.P., at *From Quarks to Black Holes, Professor Wowi-Yann Pauchy Hwang Memorial Symposium*, Taipei (December 2018).

50. **Recent Experimental Research on Studying Supermassive Black Holes**, Ho, P.T.P., at *NCTS Annual Theory Meeting 2018: Particles, Cosmology and Strings*, Hsinchu (December 2018).

51. **East Asian Observatory Prospectives,** Ho, P.T.P., at *EAO Subaru Science Workshop 2019*, Daejeon, Korea (January 2019).

52. **East Asian Observatory Status**, Ho, P.T.P., at The *5th China-Chile Bi-lateral Astronomy Science Meeting*, Kunming, China (January 2019).

53. **East Asian Observatory: Subaru?** Ho, P.T.P., at the *Subaru Users*

Meeting FY2018, Mitaka, Japan (January 2019).

54. **Status of the Greenland Telescope Project**, Ho, P.T.P., at the *Meeting on Danish Involvement in the Greenland Telescope*, Copenhagen, Denmark (February 2019).

55. **The Development of the East Asian Observatory for all of Asia**, Ho, P.T.P., at the *XXXVII Meeting of Astronomical Society of India, Bangaluru*, India (February 2019).

56. **Gender Balance on Mauna Kea**, Ho, P.T.P., at the Astronomical Society of India Working Group for Gender Equity Meeting, XXXVII Meeting of Astronomical Society of India, Bangaluru, India (February 2019).

57. **Indonesia in the East Asian Observatory**, Ho, P.T.P., at the Institut Teknologi Bandung, Bandung, Indonesia (March 2019).

58. **First Direct Image of a Black Hole**, Ho, P.T.P., at the ASIAA/ CCMS/IAMS/LeCosPA/ NTUPhysics/NTNU-Physics Joint Colloqium, National Taiwan University, Taipei (May 2019).

59. **Summary Talk at EAO Futures Meeting**, Ho, P.T.P., at *International Workshop on EAO Futures: Future Science and Instrumentation*, Purple Mountain Observatory, Nanjing (May 2019).

60. **First Picture of a Black Hole**, Ho, P.T.P., at the International University-Vietnam National University, Ho Chi Minh City (IU-VNUHCM), Ho Chi Minh City, Vietnam (June 2019).

61. **First Image of a Black Hole**, Ho, P.T.P., at the *14th Annual*

Conference of the Thai Physics Society Siam Physics Congress 2019, Hatyai, Songkhla, Thailand (June 2019).

62. **First Direct Image of a Black Hole**, Ho, P.T.P., at the National Astronomical Research Institute of Thailand, Chiang Mai, Thailand (June 2019).

63. **Thailand in the East Asian Observatory: Engaging the Science Programs at the JCMT**, Ho, P.T.P., at the National Astronomical Research Institute of Thailand, Chiang Mai, Thailand(June 2019).

64. **First Direct Image of a Black Hole**, Ho, P.T.P., at the *8th Applied Optics and Photonics China 2019 Conference*, Beijing, China (July 2019).

65. **First Direct Image of a Black Hole**, Ho, P.T.P., at the National Astronomical Observatories, Chinese Academy of Sciences, Beijing, China (July 2019).

66. **Infall Towards the Central SMBH**, Ho, P.T.P., at the Tsinghua University, Beijing, China (July 2019).

67. **Falling into the Center: Accretion towards SgrA* SMBH in the Milky Way**, Ho, P.T.P., at the Kavli Institute of Astronomy and Astrophysics, Peking University, Beijing, China (July 2019).

68. **First Image of Black Hole**, Ho, P.T.P., at the *2019 Nature Science Camp*, National Tainan Girls' Senior High School, Tainan, Taiwan (August 2019).

69. **First Direct Image of a Black Hole**, Ho, P.T.P., at the *Simons Program: Physics and Astrophysics in the Era of Gravitational*

Wave Detection, The Niels Bohr International Academy, Copenhagen, Denmark (August 2019).

70. **First Image of a Black Hole**, Ho, P.T.P., at the Physics Research Promotion Center Meeting, Taipei (September 2019).

71. **First Image of a Black Hole**, Ho, P.T.P., at the *Mini-workshop: Black Hole and Neutron Stars – Imagination and Reality*, VNU University of Science, Hanoi, Vietnam (September 2019).

72. **Asian Efforts to Drive the Frontier of Astronomical Research**, Ho, P.T.P., at the Vietnam National Space Center, Hanoi, Vietnam (September 2019).

73. **First Direct Image of a Black Hole**, Ho, P.T.P., at the National Cheng Kung University, Tainan, Taiwan (October 2019).

74. **Seeing the Unseeable: Little Known Stories behind Imaging a Monstrous Black Hole**, Ho, P.T.P., at the *Academia Sinica Open House*, Taipei, Taiwan (October 2019).

75. **JCMT Observatory Update**, Ho, P.T.P., at the *JCMT Users Meeting 2019*, at ASIAA, Taipei, Taiwan (November 2019).

76. **First Image of a Black Hole**, Ho, P.T.P., *at the International Conference on Frontier Sciences*, at the University of Chinese Academy of Sciences, Huairou District, Beijing, China (November 2019).

77. **First Image of a Black Hole**, Ho, P.T.P., at the Five-hundred-meter Aperture Spherical Radio Telescope, Guiyang, China (November 2019).

78. **First Image of a Black Hole**, Ho, P.T.P., at *NCTS Annual Theory Meeting 2019: Particles,* Cosmology and Strings, Hsinchu, Taiwan (December 2019).

79. **Instrumentation Development at EAO**, Ho, P.T.P., at the *39th Symposium on Engineering in Astronomy*, NAOJ, Mitaka, Japan (January 2020).

80. **First Image of a Supermassive Black Hole**, Ho, P.T.P., at the *Vigyan Samagam, First Mega Science Exhibition*, National Science Center, Pragati Maidan, New Delhi, India (January 2020).

81. **Event Horizon Telescope: First Image of Black Hole in Galaxy M87**, Ho, P.T.P., at the *Galaxy Forum Southeast Asia 2020* Thailand, at the National Astronomical Research Institute of Thailand, Chiang Mai, Thailand (March 2020).

82. **The Nobel Prize Winning Work on the Nearest Supermassive Black Hole SgrA***, Ho, P.T.P., at the AAPPS-DACG Workshop on Astrophysics, *Cosmology and Gravitation*, online workshop, Seoul, Korea (November 2020).

83. **EAO/JCMT as part of the EHT Project**, Ho, P.T.P., at the *Galaxy Forum Hawai'i 2020 Kamuela*, at the International Lunar Observatory Association, Kamuela, Hawaii (November 2020).

84. **The Supermassive Black Hole in the Galactic Center**, Ho, P.T.P., at *NCTS Annual Theory Meeting 2020: Particles, Cosmology and Strings*, Hsinchu, Taiwan (December 2020).

85. **Nobel Prize Winning Work in Gravity**, Ho, P.T.P., at the *2021*

International Science Master Lecture, at the National Chung Hsing University, Taichung, Taiwan (November 2021).

86. **Taiwan Studies of Black Hole**, Ho, P.T.P., at the Taipei Economic and Cultural Office in Boston (November 2021).

87. **The Development of the East Asian Observatory**, Ho, P.T.P., at the *PRL ka Amrut Vyakhyaan*, at the Physical Research Laboratory, Ahmedabad, India (December, 2021).

88. **Growth of Submillimeter Wavelength Astronomy in Taiwan**, Ho, P.T.P., at the *Ciclo de Seminarios LLAMA-IAFE 2021*, at the Instituto de Astronomia y Fisica del Espacio, CONICETUBA, Argentina (December, 2021).

89. **Taiwan Perspective on EA ALMA Project**, Ho, P.T.P., at the *East Asian ALMA Science Workshop 2022*, at the National Astronomical Observatory of Japan, Mitaka, Japan (January 2022).

90. **The Development of the East Asian Observatory**, Ho, P.T.P., at the Malaysian National Planetarium, Malaysia (January 2022).

91. **First Image of the Black Hole Shadow: Taiwan Perspective**, Ho, P.T.P., at the *Chinese Institute of Engineers-USA/GNYC Webinar*, New York (April, 2022).

92. **Status of the EAO/JCMT**, Ho, P.T.P., at the *Galaxy Forum Southeast Asia 2022*, at the ArtScience Museum, Singapore (July 2022).

93. **The Growth of Radio Astronomy in Taiwan: First 30 Years of ASIAA**, Ho, P.T.P., at the *IAU General Assembly 2022*, Busan,

Korea (August 2022).

94. **LLAMA and the future of Submillimeter Astronomy**, Ho, P.T.P., at the *Science with LLAMA Workshop*, Salta, Argentina (September 2022).

95. **First Images of the Black Hole: Taiwan Perspective**, Ho, P.T.P., at the New England Association of Chinese Professionals, at the Harvard University (September 2022).

96. **The First Direct Image of a Black Hole**, Ho, P.T.P., at the *Yu Chi-Chung Lecture*, at the National Central University, Zhongli, Taiwan (December 2022).

97. **Growth of Submillimeter Astronomy in the US and Taiwan**, Ho, P.T.P., at the *"A Half-Century of Millimeter and Submillimeter Astronomy: Impact on Astronomy/Astrophysics and the Future"*, Miyakojima, Japan (December 2022).

98. **The East Asian Observatory and Malaysia**, Ho, P.T.P., at the *Global Malaysian Astronomers Convention 2023*, at the National Science Center, Kuala Lumpur, Malaysia (January 2023).

99. **Studying Gravity around Black Holes**, Ho, P.T.P., at the Institut Teknologi Bandung, Bandung, Indonesia (January 2023).

100. **The East Asian Observatory and SEAAN**, Ho, P.T.P., at the *Southeast Asia Astronomy Network Meeting 2023*, Siem Reap, Cambodia (February 2023).

101. **The East Asian Observatory as a Path for Rapid Growth of Malaysian Astronomy**, Ho, P.T.P., at the *IAU Symposium 377:*

Early Disk-Galaxy Formation from JWST to the Milky Way, Kuala Lumpur, Malaysia (February 2023).

102. **East Asian Observatory and Malaysia**, Ho, P.T.P., at the Malaysian Space Agency, Kuala Lumpur, Malaysia (February 2023).

103. **Nobel Prize Winning Works in Studying Gravity near Black Holes: Opportunities for Asian Astronomy**, Ho, P.T.P., at the *IAU Symposium 377: Public Lectures at the Universiti Malaya*, Kuala Lumpur, Malaysia (February 2023).

104. **Studying Gravity near Black Holes: Opportunities for Asian Astronomy**, Ho, P.T.P., at the International University-Vietnam National University, Ho Chi Minh City (IU-VNUHCM), Ho Chi Minh City, Vietnam (February 2023).

105. **Studying Gravity near Black Holes: Opportunities for Asian Astronomy**, Ho, P.T.P., at the Vietnam National Space Center, Hanoi, Vietnam (February 2023).

附錄二 余紀忠講座編目

2008.06.30　余英時　人文與民主

2008.06.30　楊振寧　二十世紀數學與物理的分與合

2009.06.08　翁啟惠　學術研究與社會責任

2009.12.17　葉嘉瑩　百煉鋼中繞指柔：談辛棄疾詞的欣賞

2010.12.22　李歐梵　現代文學與音樂的兩個面貌

2010.12.22　黃　鍔　氣候變遷：一個非天然的災害

2011.12.28　白先勇　從青春版《牡丹亭》及新版《玉簪記》的製作
　　　　　　　　　　講起

2012.10.31　Michael Crow　The Design of New American University

2013.12.17　王德威　冷酷異境裡的火種：現代文學與公民社會

2015.05.19　金耀基　中國現代政治文明之探索：從民本到民主的歷
　　　　　　　　　　史之路

2016.11.01　李遠哲　我們不能再等待

2017.05.09　劉遵義　經濟全球化的困境與前景

2018.10.30　葉永烜　眺望五十年後的今天

2019.12.17　王汎森　近世中國的輿論社會

2022.12.13　賀曾樸　First Direct Image of a Black Hole
　　　　　　　　　　史上首張直接觀測到的黑洞影像

附錄三　余紀忠文教基金會暨中央大學余紀忠講座介紹

｜余紀忠文教基金會｜

1988年12月1日，余紀忠先生宣布成立「時報文教基金會」，致力於公共政策的研究及時代更迭下新觀念、新思維的傳播。於1990年10月2日，《中國時報》創刊四十周年，余先生在紀念會上宣布成立「時報河川保護專案小組」，以實際行動關懷臺灣山林河川，落實環境保育理念。自1999年12月起，面對二十一世紀臺灣永續經營，主張推動「邁向公與義的社會」。2008年，「時報文教基金會」為紀念中國時報系創辦人余紀忠更名為「余紀忠文教基金會」。

本基金會以「回饋」社會、增進公共利益、強化國際學術交流、協助政府推展社會教育工作為宗旨，對國家公共政策與當前社會問題作長期深究與探討，並經常引進國內外新思潮與新觀念。迄今「環境與河川」及「公與義」，仍為本會兩大關注方向。

│ 中央大學余紀忠講座 │

中央大學為感念傑出校友、中國時報系創辦人余紀忠先生對國家文化傳衍、人才培育之重視，特於2008年與時報文教基金會共同成立「余紀忠講座」。第一場講座於當年6月30日舉行，邀請到享譽國際的歷史學家余英時院士與諾貝爾獎得主楊振寧院士進行論壇，之後有翁啟惠、葉嘉瑩、李歐梵、黃　鍔、白先勇、Michael Crow、王德威、金耀基、李遠哲、劉遵義、葉永烜、王汎森及賀曾樸諸位先生主講，演講主題從文學、戲曲、科學、經濟、天文太空到歷史，經由「余紀忠講座」的活動，帶給中大師生一場人文與科學的知識饗宴。

編後記

李瑞騰（國立中央大學人文藝術中心主任、中大出版中心總編輯）

　　中央大學和余紀忠文教基金會合作辦理的余紀忠講座，2022年邀請中研院賀曾樸院士主講「史上首張直接觀測到的黑洞影象」。首張黑洞影象公開是2019年，現在重談，是因中研院甫於五月間公布第二張黑洞影象，於記者會上簡報的即是賀曾樸院士。賀院士來中大這個天文學研究重鎮做此回顧，想談的是黑洞及其觀測、研究史。

　　賀院士的演講以一個非常人文的方式開頭，他從他的好朋友龍應台的一篇散文〈最後的下午茶〉談起，龍應台寫的就是余紀忠先生，賀院士的引文有五個「我看見」，對象是出身於「文風鬱鬱的江南」、成長於「大動盪大亂世」的余先生，他是「士」，有「一個高大光明的人格」。

　　其實此段引文前面已有五個「我看見」，對象是余先生生命歷程的五個形象。賀院士一方面稱美余先生、讚嘆余紀忠講座，更重要的或許是龍應台之連續類用的「我看見」，這將引出他針對有關黑洞研究的三面向：「聽到」、「感覺到」、「看到」。一直要到影像出現，才「看見」黑洞，這是黑洞研究的重要里程碑。

但這並不表示我讀懂賀院士講述的黑洞之「看見」史，那太難了。沒有天文的學科專業來支撐，要做好本書的編輯根本不可能，這方面完全倚賴天文所甫獲第六十六屆學術獎的陳文屏教授，他的天體專業太厲害了，且是著名的科普作家，有他協助處理稿件，甚至定稿，真是太好了；不僅如此，他為了方便讀者理解，在賀院士的講述文本中，捻出七個關鍵名詞，做了解說，編排上則隨文走，加上灰底以為區隔，讀者應可感覺到他的專業和用心。

　　為了讓本書更為圓滿，且多些問學的成分，主辦單位特別邀請了二位學者以書面「回應」賀院士的講座，從不同面向提供更多黑洞資訊，擴大講座影響力，盼引起更多有意義的討論。

國家圖書館出版品預行編目(CIP)資料

賀曾樸：史上首張直接觀測到的黑洞影像 = First
Direct Image of a Black Hole / 李瑞騰, 陳文屏
主編. --桃園市：國立中央大學, 2023.12
　面；　公分. -- (余紀忠講座)
ISBN 978-626-96492-9-7 (精裝)

1.CST: 黑洞 2.CST: 宇宙 3.CST: 天文學

323.9　　　　　　　　　　　　　　112018211

【余紀忠講座】

賀曾樸：First Direct Image of a Black Hole
　　　　史上首張直接觀測到的黑洞影像

發行人　　周景揚
出版者　　國立中央大學
贊助　　　余紀忠文教基金會
活動主辦　研究發展處
編印　　　中大出版中心
地址　　　桃園市中壢區中大路300號
電話　　　(03) 4227151 # 57103
網址　　　http://ncupress.ncu.edu.tw/

主編　　　李瑞騰、陳文屏
編輯顧問　余範英、周景揚、綦振瀛、王文俊、楊鎮華
編輯　　　王怡靜

設計　　　不倒翁視覺創意 onon.art@msa.hinet.net
印刷　　　松霖彩色印刷事業有限公司

時間　　　2023年12月
定價　　　新台幣200元整
ISBN　　　978-626-96492-9-7
GPN　　　1011201478